Md. Nur Alam Siddiqui
Md. Abu Shahadat Hossain

Espaçamento entre linhas e palha de arroz no rendimento da lentilha em sistema de lavoura em faixas

Md. Nur Alam Siddiqui
Md. Abu Shahadat Hossain

Espaçamento entre linhas e palha de arroz no rendimento da lentilha em sistema de lavoura em faixas

Efeito do espaçamento entre linhas e da retenção da palha de arroz no desenvolvimento do dossel

ScienciaScripts

Imprint
Any brand names and product names mentioned in this book are subject to trademark, brand or patent protection and are trademarks or registered trademarks of their respective holders. The use of brand names, product names, common names, trade names, product descriptions etc. even without a particular marking in this work is in no way to be construed to mean that such names may be regarded as unrestricted in respect of trademark and brand protection legislation and could thus be used by anyone.

Cover image: www.ingimage.com

This book is a translation from the original published under ISBN 978-620-7-84330-5.

Publisher:
Sciencia Scripts
is a trademark of
Dodo Books Indian Ocean Ltd. and OmniScriptum S.R.L publishing group

120 High Road, East Finchley, London, N2 9ED, United Kingdom
Str. Armeneasca 28/1, office 1, Chisinau MD-2012, Republic of Moldova, Europe
Printed at: see last page
ISBN: 978-620-8-03685-0

PREFÁCIO

O livro intitulado *"Espaçamento entre linhas e palha de arroz no rendimento da lentilha em sistema de lavoura em faixas"* baseia-se num resultado de investigação. A lentilha é uma leguminosa. É uma importante fonte vegetal de proteínas. Forma nódulos nas raízes que podem absorver o azoto atmosférico.

Relatórios anteriores afirmam que a lavoura intensiva e a lavoura repetida aumentam a compactação do solo e diminuem a matéria orgânica e a biodiversidade do solo. A compactação do subsolo leva a uma redução da eficiência da utilização da água e dos nutrientes. A incorporação de resíduos de culturas no sistema de lavoura conservadora (lavoura zero, lavoura em faixas) reduz a erosão do solo, aumenta a matéria orgânica do solo e reduz o custo de produção das culturas. Parte-se do princípio de que a plantação em faixas e o espaçamento ótimo entre linhas da cultura da lentilha contribuem para um bom estabelecimento das plantas, aumentam a eficiência dos factores de produção e aumentam os rendimentos. Abrem-se assim caminhos para um sistema de plantio direto. Por conseguinte, foi realizada uma experiência para encontrar a solução para estas questões de investigação. Este livro explica o efeito do espaçamento e da retenção da altura da palha de arroz para um melhor crescimento e estabelecimento do dossel e rendimento da lentilha sob sistema de lavoura em faixas nas terras altas médias da planície de inundação das marés do Ganges (AEZ-13) do Bangladesh.

Os autores exprimem a sua gratidão ao Professor Dr. Sultan Ahmed, Department of Agronomy, Patuakhali Science and Technology University, pela sua ajuda na conceção da investigação e na realização da experiência. Os autores agradecem ao Dr. Md. Harunor Rashid, Diretor Científico, Bangladesh Agricultural Research Institute, On Farm Research Division, Khulna, pela sua ajuda no acompanhamento da investigação. Os autores agradecem também ao Dr. Swadesh Chandra Samanta, Professor, Departamento de Agronomia, Universidade de Ciência e Tecnologia de Patuakhali, pela sua ajuda na análise dos dados, tabulação e edição da dissertação.

Os autores estendem a sua cordial gratidão à autoridade da Estação Regional de Investigação Agrícola (RARS), Rahmatpur, Barisal, por disponibilizar instalações laboratoriais e de campo para a realização da investigação. Os autores agradecem também à LAP LAMBERT Academic Publishing pela publicação do manuscrito.

Finalmente, se os esforços dos autores forem benéficos para os investigadores, professores, estudantes, extensionistas e agricultores, os seus resultados serão alcançados. Os autores expressam o seu sincero agradecimento e profundo respeito aos seus familiares. Agradece-se qualquer sugestão dos leitores para melhorar o conteúdo da publicação para a próxima edição.

Os autores

Dedicação

Este livro é dedicado a

Sher-e-Bangla A K Fazlul Haque (1873 - 1962)

Enquanto primeiro-ministro, Fazlul Huq, nascido no distrito de Jhalokati, no Bangladesh, no seio de uma família muçulmana bengali, recorreu a medidas jurídicas e administrativas para reduzir a dívida de milhões de agricultores sujeitos a arrendamento ao abrigo da Colonização Permanente de Bengala.

Fazlul Huq ocupou importantes cargos políticos no subcontinente indiano, incluindo o de presidente da Liga dos Muçulmanos de Toda a Índia (1916-1921), secretário-geral do Congresso Nacional Indiano (1916-1918), ministro da Educação de Bengala (1924), presidente da Câmara de Calcutá (1935), primeiro-ministro de Bengala (1937-1943), advogado-geral de Bengala Oriental (1947-1952), ministro-chefe de Bengala Oriental (1954), ministro do Interior do Paquistão (1955-1956) e governador do Paquistão Oriental (1956-1958).

Conteúdo

ABREVIATURAS, ACRÓNIMOS E SÍMBOLOS

@	À taxa de
AEZ	Zona Agro-Ecológica
ANOVA	Análise de variância
BARC	Conselho de Investigação Agrícola do Bangladesh
BARI	Instituto de Investigação Agrícola do Bangladesh
BBS	Gabinete de Estatística do Bangladesh
BAU	Universidade Agrícola do Bangladesh
C/D	Estrume de vaca
CGIAR	Grupo Consultivo para a Investigação Agrícola Internacional
CV	Coeficiente de variação
DAE	Departamento de Extensão Agrícola
DAS	Dias após a sementeira
DMRT	Teste de intervalo múltiplo de Duncan
por exemplo.	exempti gratia (por exemplo)
FAO	Organização das Nações Unidas para a Alimentação e a Agricultura
FRG	Guia de Recomendação de Fertilizantes
Kharif-1	16 de março a 30 de junho
Kharif-2	1 de julho-15 de outubro
LAI	Índice de área foliar
LS	Nível de significância
LSD	Diferença menos significativa
MdP	Muriato de potássio
Método R	Software informático de análise de dados
PSTU	Universidade de Ciência e Tecnologia de Patuakhali
$\prod$	pi (= 3,1428)
SRDI	Instituto de Desenvolvimento dos Recursos do Solo
TSP	Superfosfato triplo
USAID	Agência dos Estados Unidos para o Desenvolvimento Internacional
a saber.	Videlicet (nomeadamente)
OMS	Organização Mundial de Saúde
µg/mg/g	Micrograma/miligrama/grama
Estação Rabi	16 de outubro - 15 de março
Cabelo	Retenção de palha de arroz Aman transplantado

Resumo

A experiência foi conduzida para descobrir o efeito do espaçamento e da retenção da palha de arroz no crescimento e rendimento da lentilha sob sistema de lavoura em faixas no campo de Investigação Agronómica da Estação Regional de Investigação Agrícola, Instituto de Investigação Agrícola do Bangladesh, Rahmatpur, Barishal, Bangladesh durante duas estações *Rabi* consecutivas do ano 2014-15 e 2015-2016. O crescimento e o rendimento da lentilha (*var.* BARI Masur-7) foram avaliados em dois tipos de espaçamento entre linhas *viz.* 30 cm e 40 cm, e três tipos de altura de restolho de arroz Transplant Aman *viz.* sem resíduo de restolho, 15 cm de altura e 30 cm de altura de restolho sob sistema de lavoura em faixa.

Os materiais experimentais foram dispostos num desenho dividido com três repetições. A altura da palha de arroz foi mantida durante a colheita do arroz Aman transplantado. As sementes de lentilha foram semeadas com um semeador de lagarta operado por motocultivador. A análise combinada e a tabulação dos dados recolhidos foram efectuadas com a ajuda do software "R".

Os resultados revelam que a combinação de tratamentos de 30 cm de espaçamento entre linhas e 30 cm de altura do restolho apresentou o melhor desempenho em ramos primários/planta (4,2), número de vagens/planta (96,8), sementes/vagem (1,9), peso de mil sementes (22,2 g), rendimento de sementes (1,36 t/ha), rendimento de palha (1,56 t/ha) e índice de colheita (46,6%). O espaçamento entre linhas (espaçamento entre linhas), bem como o espaçamento entre linhas e a retenção de palha, mostraram um efeito significativo na incidência da podridão peduncular e do míldio da lentilha. A incidência mais baixa de podridão do pé (1,26%) e de míldio do estame (1,00) (1 de uma escala de 0-5) foi observada na combinação de espaçamento entre linhas e retenção de palha. Assim, conclui-se que o espaçamento entre linhas de 30 cm e a retenção de palha de 30 cm será a combinação de tratamento adequada para a produção de lentilhas na região de Barishal, no Bangladesh.

Palavras-chave: Lentilha, lavoura em faixas, retenção de palha de arroz, índice de colheita, rendimento

CAPÍTULO 1: INTRODUÇÃO

A lentilha *(Lens culinaris* L.*)* é uma das leguminosas mais importantes do Bangladesh para a alimentação humana e animal e para o sistema de cultivo. No entanto, o consumo per capita de leguminosas é de apenas 12 g/dia no Bangladesh, muito inferior à recomendação de 45 g/dia da Organização Mundial de Saúde (OMS). A lentilha ocupa a segunda posição entre as leguminosas em termos de área e produção, mas a primeira em termos de utilização (BBS, 2011).

No subcontinente indiano, a lentilha é conhecida popularmente como *Mahsur Dal* (Bhatty, 1988). O grão de lentilha contém 25% de proteínas, 0,7% de gorduras e 59% de hidratos de carbono em base de matéria seca (Afzal *et al.*, 1999). As suas proteínas são ricas em aminoácidos essenciais, especialmente triptofano e lisina, enquanto o arroz carece destes dois aminoácidos. Assim, o dal e o arroz podem ser complementares um do outro. É também uma fonte de proteínas barata e disponível. É por isso que é chamada a carne dos pobres. A lentilha, juntamente com outras leguminosas, tem também um contributo imenso para a fertilidade dos solos e para as indústrias de base agrícola.

Globalmente, é cultivada como uma cultura alimentada pela chuva com um rendimento médio de 1,26 t/ha (FAO, 2014), enquanto no Bangladesh é de 1,024 ton/ha (BBS, 2017). Existe uma ampla margem de manobra para aumentar a produção nas planícies aluviais gangéticas da parte norte e sul, como os distritos de Jashore, Faridpur, Kushtia, Rajshahi, Pabna, Comilla, Noakhali, Manikganj e Khulna.

Tradicionalmente, a lentilha é cultivada no Bangladesh após a colheita do arroz T. *Aman* em terras de altitude média e média baixa. Os agricultores precisam de vários dias para obter condições adequadas de humidade no campo para lavrar, sachar e depois preparar a terra para a sementeira. Mas após a colheita do arroz T. Aman, é difícil conseguir tempo suficiente para a preparação da terra. Os agricultores também enfrentam escassez de mão de obra, especialmente no período de pico. A lavoura reduzida ou de conservação está a ganhar mais atenção nos últimos anos com as preocupações crescentes sobre a degradação dos recursos naturais. O sistema de lavoura intensiva provoca a compactação do solo e o esgotamento da matéria orgânica do solo (Gangwar *et al.*, 2005) e da biodiversidade (Biamah *et al.*, 2000). A remoção da palha ou do caule também provoca a compactação do solo. A compactação do subsolo devido à lavoura repetida leva à redução da eficiência da utilização da água e dos nutrientes (Ishaq *et al*. 2001).

O sistema de lavoura de conservação no sistema de cultivo é um dos componentes de uma estratégia nacional para melhorar a eficiência da produção de culturas. As práticas de lavoura de conservação (lavoura zero e mínima) e a retenção de palha podem ser introduzidas para compensar os custos de produção e outros constrangimentos associados ao ambiente e às condições socioeconómicas. A retenção de resíduos de culturas em sistema de não lavoura reduz a erosão do solo, aumenta a matéria orgânica do solo (SOM) e reduz a necessidade de combustível na cultura de cereais e de culturas em linha (Salinas-Garcia *et al*., 1997).

A incorporação de resíduos de culturas é essencial para manter a produtividade do solo através da reposição da matéria orgânica do solo (SOM) que não só é um indicador chave da qualidade do solo, mas também fornece nutrientes essenciais após a mineralização (N, P e S) e melhora as propriedades físicas, químicas e biológicas do solo (Kumar *et al*., 2001).

Albiero *et al*. (2011) recomendaram que a lavoura em faixas tinha a vantagem potencial de fornecer um leito de sementes adequado para o estabelecimento de várias culturas em linha, deixando resíduos de superfície na área entre linhas para reduzir a erosão do solo. A lavoura em faixas foi considerada como uma hipótese para diminuir a quantidade de CO_2 perdida através da aragem. Apenas uma quantidade relativamente pequena de CO_2 foi detectada imediatamente após a lavoura em faixas e esta quantidade estava relacionada com o volume de solo perturbado (Reicosky 1999).

Sharma *et al*. (2012) referiram que as tecnologias de conservação de recursos (TCR), como a lavoura zero e a retenção de resíduos, surgiram nas últimas 2-3 décadas como um meio de alcançar a sustentabilidade dos sistemas de cultivo intensivo. Além da redução do custo de cultivo e da obtenção de rendimentos estáveis, as RCTs também melhoram a fertilidade do solo através do aumento da acumulação de carbono e da atividade biológica e reduzem as entradas de energia.

Aase e Siddoway (1990) referiram que a lavoura de conservação pode incluir o plantio direto, o plantio em faixas, o plantio em camalhões e o plantio em cobertura. Mesmo no caso da lavoura convencional, o adiamento do cultivo até à primavera pode ser considerado uma medida de conservação temporária; o restolho permanente protege o solo da erosão durante o inverno. Bell e Johansen (2009) referiram que a tecnologia de canteiros elevados com gestão de resíduos de culturas pode atenuar a salinidade do solo até certo ponto, permitindo um melhor estabelecimento das culturas na zona salina do sul do Bangladesh.

Parte-se do princípio de que a plantação em faixas e o espaçamento ótimo entre linhas da cultura de lentilhas podem ajudar a conseguir um bom estabelecimento das plantas, aumentando a eficiência dos factores de produção e os rendimentos e abrindo caminhos para um sistema de plantio direto.

Nestas circunstâncias, o presente estudo foi realizado para determinar o efeito do espaçamento e da retenção da palha de arroz para um melhor crescimento e estabelecimento do dossel e rendimento da lentilha sob sistema de lavoura em faixas nas terras altas médias da planície de inundação das marés do Ganges (AEZ-13) do Bangladesh.

CAPÍTULO 2: MATERIAIS E MÉTODOS

2.1 Descrição do sítio experimental

As experiências de campo foram realizadas no campo de investigação agronómica da Estação Regional de Investigação Agrícola (RARS), Instituto de Investigação Agrícola do Bangladeche (BARI), Rahmatpur, Barishal, Bangladeche, durante o inverno (época de colheita de *Rabi*) de 2014-15 e 2015-2016. A estação de investigação está situada na parte sul do Bangladesh, entre 22^0 42' N Latitude e 90^0 23' E Longitude, a uma altitude de 4 m do nível médio do mar (FAO/PNUD, 1988).

2.2 Terreno e solos do sítio experimental:

A área de estudo é um pedaço de terra de altitude média bem drenada com topografia uniforme. A área pertence à zona agro-ecológica da planície de inundação das marés do Ganges no âmbito da AEZ-13. A textura do solo é de natureza argilosa, com baixo teor de matéria orgânica (0,54-2,58%) e reação neutra (valor p^H de 6,8-7,2). Estas áreas são ligeiramente salinas (0,65-1,90 dS/m), com algumas bolsas não salinas. As amostras de solo do campo experimental foram analisadas no Laboratório Divisional, Soil Resource Development Institute (SRDI), Barisal (Anexo V).

2.3 Historial das culturas no campo experimental

O terreno do campo de investigação é normalmente utilizado para experimentação durante as estações *Rabi*, Kharif-1 e *Kharif-2*, mas a parte ocidental desta estação é normalmente utilizada para a produção de arroz *Aman* transplantado. Após a colheita do arroz, a terra permanece em pousio até à próxima transplantação de Aman, devido ao elevado teor de humidade do solo. Nos últimos dois anos, o terreno foi utilizado para o cultivo de lentilhas através de diferentes práticas de gestão agronómica durante a estação *Rabi*, seguindo o padrão de cultivo Lentilha - Pousio - Arroz *T. Aman*.

2.4 Condições meteorológicas e climáticas da área experimental

O clima da localidade é subtropical. Caracteriza-se por temperaturas elevadas, elevada humidade e precipitação intensa durante a estação *Kharif* (abril a setembro) e baixa precipitação associada a temperaturas moderadamente baixas durante a estação *Rabi* (outubro a março). A estação de investigação tem predominantemente uma precipitação de monção, que é registada anualmente como 1780-1875 mm. A maior parte da precipitação ocorre durante os meses de maio a agosto. O balanço hídrico é negativo de novembro a abril. Os meses mais quentes e mais frios são maio ($31,6^0$ C) e janeiro ($13,6^0$ C), respetivamente (Apêndices I e II).

2.5 Recolha e análise de amostras de solo

Foram recolhidas amostras compostas de solo (solo superficial 0-5 cm e subsolo 5-10 cm de profundidade) em nove locais aleatórios da área experimental para determinar o estado inicial dos nutrientes do solo. As amostras foram recolhidas dos campos com a ajuda de um trado, segundo o método do Soil Resource Development Institute (SRDI). As amostras de solo foram secas ao ar logo após a recolha e foram pulverizadas com um rolo de madeira. Foram removidas as concreções grosseiras, as pedras e os detritos orgânicos. As amostras foram então enviadas para o laboratório do Soil Resources Development Institute (SRDI), Barishal, para análise química (apêndice V).

2.6 Materiais experimentais

A variedade de lentilhas *BARI Masur 7* foi utilizada na experiência como material vegetal. Foi colhida no Pulse Research Centre, Bangladesh Agricultural Research Institute, Ishurdi, Pabna, Bangladesh.

2.7 Combinação de tratamentos

A experiência era composta por dois factores:

Fator A: Parcela principal (Espaçamento):	a) Espaçamento entre linhas de 30 cm
	b) Espaçamento entre linhas de 40 cm
Fator B: Subparcela (Gestão dos resíduos):	a) Sem restolho/resíduos (lavoura em faixas)
	b) Altura do restolho 15 cm (lavoura em faixas)
	c) Altura do restolho 30 cm (lavoura em faixas)

2.8 Conceção e esquema experimental

O experimento foi realizado em um esquema de parcelas divididas com três repetições. O espaçamento foi colocado na parcela principal e a retenção de palha na subparcela. Logo na altura da colheita do arroz T. Aman, a área foi dividida em três blocos e cada bloco foi novamente dividido em duas parcelas principais. Além disso, cada parcela principal foi subdividida em três subparcelas. A dimensão das parcelas unitárias era de 5m × 4m, com 1 m de limite entre parcelas e 2 m entre réplicas. O número total de parcelas unitárias foi de 18 na experiência.

2.9 Realização da experiência:

2.9.1 Manutenção da altura da palha de arroz:

Durante o período de colheita do arroz *Aman* transplantado, a altura da palha foi mantida corretamente. No caso de não haver resíduos, a planta de arroz foi colhida logo acima do nível do solo. Nas restantes subparcelas, a altura da palha foi mantida a 15 cm e 30 cm do nível do solo.

Foto 1: Manutenção do espaçamento entre linhas do motocultivador Foto 2: Lavoura do campo experimental

2.9.2 Aplicação de herbicidas:

Após a colheita do arroz *Aman* transplantado, foram encontrados diferentes tipos de ervas daninhas no campo experimental. Para melhorar a germinação e o crescimento da lentilha na fase inicial, foi utilizado um herbicida de acordo com a disposição. O excesso de ervas daninhas foi controlado pela aplicação de inseticida Round up @ 1,875 l/ha antes de 2 dias de sementeira.

2.9.3 Aplicação de fertilizantes:

As quantidades de fertilizantes por tratamento nas formas de Ureia, Super Fosfato Triplo e Muriato de Potássio @ 45 kg/ha, 90 kg/ha e 35 kg/ha foram calculadas de acordo com o Guia de Recomendação de Fertilizantes com base no valor do teste de solo (FRG, 2012). Metade da ureia e a quantidade total de outros fertilizantes de cada parcela foram aplicados 2 dias antes da semeadura como dose basal. O resto da ureia foi aplicado em cobertura após 30 dias da sementeira, de acordo com Hussain *et al.* (2006).

2.9.4 Tratamento de sementes:

As sementes foram embebidas em água durante a noite antes de serem semeadas. As sementes foram tratadas com Vitavex 200 @ 2,5-3,0 g (0,25%)/kg de semente antes de 8 horas de semeadura.

2.9.5 Tratamento de sementes e sementeira:

As sementes foram semeadas à taxa de 35 kg/ha no sistema de lavoura em faixas. A semeadura foi feita por uma semeadora de preparo do solo e foi operada por um motocultivador. A semeadora de lavoura mínima foi convertida em semeadora de lavoura em faixas, removendo 50% dos dentes dos perfilhos rotativos. As principais partes funcionais do semeador eram a estrutura da barra de ferramentas, o dispositivo de medição de sementes, as caixas de sementes e de fertilizantes e o abridor de sulcos em "T" invertido. Neste sistema, uma faixa de plantação de 300 a 400 mm de largura foi lavrada pelo perfurador rotativo para colocar as sementes, de acordo com Haque *et al.* (2004).

Foto 3: Semeadura com plantador de sementes Foto 4: Placa de sinalização no campo de lentilhas

Neste sistema de sementeira, a remoção do solo e a colocação das sementes foram efectuadas simultaneamente. A máquina foi passada ao longo do comprimento do campo retangular. Para uma colocação correta das sementes, a velocidade da máquina foi controlada a um valor médio de 2,5 km/h. As sementes de lentilha foram semeadas por uma semeadora de mobilização em faixas, ajustando o espaçamento entre linhas em 30 cm e 40 cm entre as subparcelas, como: sem resíduos, retenção de palha de arroz com altura de 15 cm e retenção de palha de arroz com altura de 30 cm. A profundidade de plantação foi medida por uma escala graduada e a profundidade das sementes foi mantida entre 4 e 8 cm.

2.9.6 Desbaste e controlo de ervas daninhas

As sementes foram germinadas 6 dias após a sementeira (DAS). O desbaste foi efectuado duas vezes em todos os tratamentos. O desbaste foi efectuado aos 25 DAS mantendo a distância entre plantas de 5 a 8 cm. Após o estabelecimento da planta, a flora dominante de ervas daninhas do campo experimental *viz. Chenopodium album* L., *Vicia sativa* L., *Phalaris minor* Retz e *Cuscuta* sp., *Cichoriumintybus* L., *Convolvulus arvensis* L., *Cynodondactylon* Pers. e *Cyperus rotundus* L foram eliminadas manualmente aos 45 DAS.

2.9.7 Irrigação:

A irrigação ligeira foi dada apenas à linha de lentilhas, com a utilização de cana de água após 30 dias de sementeira. Após a irrigação, quando o solo esmagado se encontrava em condições favoráveis, foi feita uma gradagem uniforme e cuidadosa para quebrar o esmagamento e conservar a humidade do solo.

2.9.8 Proteção das culturas:

Na fase vegetativa, os afídeos (*Aphis craccivora*) foram controlados com Ripcord @ 2 ml/l de água após duas pulverizações consecutivas.

2.9.9 Colheita:

A cultura foi colhida quando 90% da planta e da vagem se tornaram de cor castanha a preta. As plantas de uma área de 4 m^2 (2 m × 2 m) foram colhidas na área central não perturbada da parcela unitária. As plantas foram cortadas com uma foice na base das plantas e atadas em feixes.

2.9.10 Operação pós-colheita:

Após a colheita, as plantas de cada parcela foram etiquetadas. Os feixes de colheita foram secos ao sol, espalhando-os na eira. As sementes foram separadas das plantas batendo nos feixes com varas de bambu. Após a debulha da planta, o grão e a palha foram separados por um joeirador. As sementes e o restolho são secos ao sol durante alguns dias. As sementes secas e o restolho de cada parcela foram pesados e subsequentemente convertidos em kg/ha.

2.10 Amostragem das culturas e recolha de dados

Os dados da população de plantas/m^2 , altura da planta (cm) aos 20, 40, 60, 80 DAS, dias até à primeira floração e 50% da floração, peso fresco da folha (g), peso seco da folha (g), peso fresco da raiz (g), peso seco da raiz (g), incidência de podridão do pé (%), stemphylium blight (escala 0-5), ramos primários/planta, dias até à maturidade da lentilha foram registados mantendo adequadamente os intervalos de dias a partir dos 20 dias após a emergência (DAE) até à colheita. O número de vagens/planta, o número de sementes/vagem, o peso de 1000 sementes (g), o rendimento de sementes (t/ha), o rendimento de palha (t/ha) e o índice de colheita (%) foram registados na altura da colheita.

2.10.1 População vegetal:

Foi selecionada uma área de um metro quadrado numa parcela e demarcada. Em seguida, as plantas foram contadas 20 dias após a sementeira para obter uma população fixa de plantas/m^2.

Foto 5. Campo emergente de lentilhas Foto 6. Recolha de dados

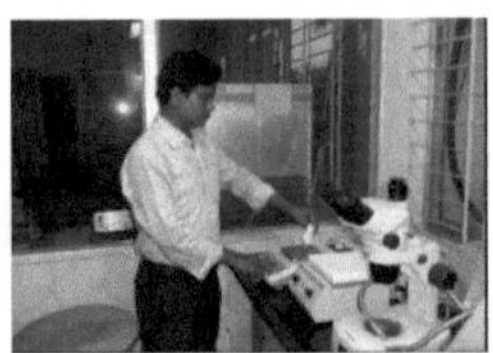

Foto 7. Dados recolhidos Foto 8. Registo dos dados Foto 9. Pesagem da amostra

2.10.2 Altura da planta (cm):

Dez plantas de cada parcela unitária foram selecionadas ao acaso fora da zona de colheita e a altura das plantas foi medida aos 20, 40, 60 e 80 dias após a sementeira, do nível do solo até à ponta da planta.

2.10.3 Ramos primários/planta:

Dez plantas de cada parcela unitária foram selecionadas ao acaso fora da zona de colheita e o número de ramos primários de cada planta foi contado. O número de ramos primários/planta foi então calculado a partir destes dados.

2.10.4 Dias até à primeira floração, 50% após e **maturidade:**

Os dias até à primeira floração e 50% de floração foram registados por observação visual. O número de dias desde a plantação até à primeira floração e 50% das plantas da parcela estavam em floração. Os dias até à maturidade foram registados quando 90% da planta e da vagem se tornaram de cor palha a preta.

2.10.5 Peso fresco e seco das folhas (g):

Dez plantas de cada parcela unitária foram selecionadas aleatoriamente na área exterior, etiquetadas e arrancadas aos 50 DAS. Em seguida, as folhas frescas foram separadas dos ramos e o peso das folhas foi medido com uma balança eléctrica. As folhas frescas recolhidas foram secas em estufa a 70^0 C durante 72 horas. As amostras foram secas em estufa até obterem um peso constante. Depois, as amostras foram retiradas da estufa, arrefeceram e foram pesadas.

2.10.6 Peso fresco e seco das raízes (g):

Dez plantas de cada parcela unitária foram selecionadas aleatoriamente do exterior da área de colheita e marcadas aos 80 DAS. Antes da recolha de amostras, a zona radicular foi regada à tarde e as raízes foram recolhidas com terra com uma escavadora afiada no dia seguinte, sendo depois colocadas num balde com água. As raízes foram cortadas, lavadas e limpas. Em seguida, foi medido o peso fresco da raiz.

As amostras de raízes foram submetidas a secagem em estufa até obterem peso constante, mantendo a temperatura adequada (70^0 C durante 72 horas). Em seguida, as amostras foram retiradas da estufa e arrefeceram, tendo sido pesadas numa balança eléctrica e expressas em gramas.

2.10.7 Número de vagens/planta:

Dez plantas de cada parcela unitária foram selecionadas aleatoriamente na maturidade, no exterior da zona de colheita, e marcadas. As plantas selecionadas foram arrancadas e o número de vagens de cada planta foi contado.

2.10.8 Número de sementes por vagem:

Inicialmente, foram colhidas 10 plantas e depois separadas 10 vagens de cada planta e contado o número de sementes de cada vagem.

2.10.9 Peso de mil sementes (g):

Após a debulha das vagens, o nível de humidade das sementes foi medido com um medidor de humidade. Foi retirada uma amostra composta de cada parcela, da qual foram contadas as 1000 sementes e pesadas com uma balança eléctrica digital. O peso foi ajustado para 9% de humidade.

2.10.10 Rendimento das sementes (t/ha):

As plantas com uma área de 4 metros quadrados (2m × 2m) foram colhidas na zona central não perturbada das parcelas unitárias. Após a colheita, as plantas das áreas de amostragem foram secas ao sol e depois debulhadas com uma vara. As sementes, a palha e a casca foram separadas por uma peneira. Em seguida, foram ajustadas a um teor de humidade de 9%. Posteriormente, a produção de sementes e de palha foi medida numa balança de topo e convertida em t/ha.

2.10.11 Rendimento do caule (t/ha):

O peso da palha acima do solo (folhas + caules) foi calculado e convertido em t/ha.

2.10.12 Índice de colheita (%):

O índice de colheita (IH) foi calculado dividindo o rendimento económico (semente) da parcela líquida pelo rendimento biológico total (semente + palha) da mesma área e multiplicando por 100, de acordo com Donald (1963).

$$\text{HI} = \frac{Seed\ yield}{(Seed\ yield + Stover\ yield)} \times 100 = \frac{Economic\ yield}{(Biological\ yield)} \times 100$$

2.10.13 Incidência da podridão peduncular (%):

A podridão peduncular (causada por *Fusarium oxysporum)* da lentilha pode atacar a cultura em qualquer altura, desde a fase de plântula até à fase de floração, apresentando estrias castanho-avermelhadas a pretas na parte inferior do caule e o caule frequentemente cindido. Os dados sobre a gravidade total das plantas infectadas com podridão peduncular por metro quadrado de área no período de 25 dias após a sementeira até à fase de floração foram registados em três ocasiões. A média dos dados foi dividida pelo número total de plantas por metro quadrado. Em seguida, foram expressos em percentagem.

$$\text{Incidência de podridão peduncular (\%)} = \frac{No.\ of\ infected\ plants/square\ meter}{Total\ number\ of\ plants/square\ meter} \times 100$$

2.10.14 Incidência da doença do míldio do estramónio (escala de 0-5 pontos):

O míldio do Stemphylium, causado pelo *Stemphylium botryosum,* apresenta sintomas nas folhas/folíolos. Pequenas lesões colapsam para produzir lesões grandes, de forma irregular, que matam os ramos inteiros. Os dados sobre a doença e a sua gravidade foram registados em dois momentos (antes da floração e após a formação das vagens) com base numa escala de pontuação de 0-5 pontos, de acordo com Bakr e Ahmed (1992).

Escala de gravidade da doença	Reação à doença
0 = Sem infeção	0 = Altamente resistente
1 = Poucas infecções foliares dispersas, mas nenhum galho atacado	1 = Resistente
2 = 5-10% de folíolos infectados e/ou alguns ramos dispersos atacados	2 = Moderadamente resistente
3 = 1-20% de folíolos infectados e/ou 1-5% de ramos atacados	3 = Moderadamente suscetível
4 = 21-50% de folíolos infectados e/ou 6-10% de galhos atacados	4 = Suscetível
5 = ≥ 51% de folíolos infectados e/ou ≥11% de ramos atacados	5 = Altamente suscetível

2.11 Determinação da humidade do solo

As amostras de solo foram recolhidas de quinze em quinze dias a partir da sementeira. Foi recolhida aleatoriamente para determinar as propriedades físicas do solo em três parcelas (cada repetição). O teor de humidade do solo foi determinado pelo método de secagem em estufa.

$$\text{Teor de humidade (base seca)} = \frac{Ww}{Wd} \times 100 = \frac{Ws - Wd}{Wd} \times 100$$

Onde, Ww = Peso da água ($Ws-Wd$), W_S = Peso da amostra de solo húmido, Wd = Peso da amostra de solo seco

2.12 Análise estatística

Os dados registados foram compilados e tabulados para análise estatística. A análise de variância (ANOVA) foi efectuada com a ajuda do software estatístico "R" (versões: 3.1).

2.13 Análise económica

A análise de custos com o rácio custo-benefício (BCR) da lentilha no método de cultivo convencional e no método de cultivo conservacionista (*viz*. retenção de palha de arroz com diferentes espaçamentos no sistema de lavoura em faixas) na lentilha é descrita abaixo:

2.13.1 Análise de custos da cultura de lentilhas em sistema de lavoura em faixas:

(a) Custo não material :

Sl. Não.	Item	N.º de trabalhadores	Custo da mão de obra	BDT
1	Preparação do terreno e sementeira de sementes	-	-	4,000 (Lâmina/ha)
2	Limpeza	-	-	0
3	Aplicação de fertilizantes	2	300	600
4	Deservagem e	10	300	3,000
5	Irrigação	6	300	1,800
6	Aplicação de pesticidas	4	300	1,200
7	Colheita	16	300	4,800
8	Limpeza e secagem	10	300	3,000
	Total			18,400

b) Custo do material :

Sl. Não.	Item	Quantidade (kg/ha)	Custo (BDT/kg)	BDT
1	Semente	35	100	3,500
2	Fertilizante:			
	Ureia	45	20	900
	TSP	90	22	1,980
	MOP	35	14	490
	Insecticidas	1 litro	1,200/l	1,200
	Ervas daninhas	2 litros	1,000/l	2,000
	Total			10,070

Custo variável total: Custo não material + Custo material = 18.400 + 10.070 = 28.470 BDT

2.13.2 Análise económica parcial de diferentes espaçamentos e retenção de resíduos no
sistema de lavoura em faixas em
lentilha

Espaçamento × Altura do restolho	Rendimento das sementes (kg/ha)	Rendimento do caule (kg/ha)	Rendimento bruto (BDT/ha)	Custo de cultivo (BDT/ha)	Rendimento líquido (BDT/ha)	BCR
30 cm × Sem resíduos	813.5	1088.3	49898.3	28470	21428.3	1.75
30 cm × 15 cm de altura da palha	1201.2	1412.8	73482.4	28470	45012.4	2.58
30 cm × 30 cm altura da palha	1358.8	1557.3	83087.0	28470	54617.0	2.92
40 cm × Sem resíduos	714.2	993.0	43842.6	28470	15372.6	1.54
40 cm × 15 cm altura da palha	914.3	1169.2	56029.0	28470	27559.0	1.97
40 cm × 30 cm altura da palha	1094.3	1318.8	66978.6	28470	38508.6	2.35

Preço de saída: Sementes de lentilha a BDT 60/ kg, e palha a BDT 1,00/kg

CAPÍTULO 3: RESULTADOS E DISCUSSÃO

Nesta experiência, a combinação de tratamentos consistiu em dois espaçamentos entre linhas (30 cm e 40 cm) e três alturas de retenção do restolho (sem restolho, altura do restolho de 15 cm e altura do restolho de 30 cm) nos dois anos consecutivos de 2014-15 a 2015-16. Os resultados das experiências são apresentados abaixo sob os seguintes títulos:

3.1 Altura da planta em diferentes dias após a sementeira (DAS)

A altura da planta aos 20, 40, 60 e 80 DAS foi insignificante no ano 2014-2015 e 2015-2016 (Figura 1), enquanto foi influenciada significativamente pelo espaçamento entre linhas (Tabela 1). A maior altura de planta (45,87 cm) foi observada aos 80 DAS no espaçamento estreito (30 cm) em comparação com o espaçamento mais largo (40 cm).

3.1.1 Efeito da interação ano de sementeira × espaçamento entre linhas na altura das plantas:

A altura da planta não influenciou o efeito da interação entre o ano de sementeira e o espaçamento entre linhas (Quadro 2). O melhor desempenho em altura de planta de 20 DAS a 80 DAS variou de 11,16 a 45,24 cm no espaçamento entre linhas de 30 cm em 2014-15.

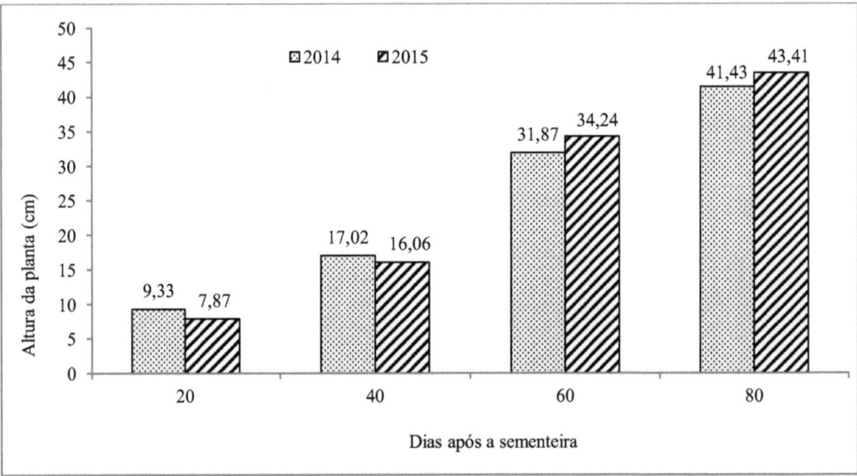

Figura 1. Efeito do ano de sementeira na altura das plantas (20, 40, 60 e 80 DAS) da lentilha em diferentes espaçamentos e na retenção de palha do arroz T. Aman em sistema de lavoura em faixas (NS-Não significativo)

Tabela 1. Efeito do espaçamento entre linhas na altura da planta em diferentes dias após a sementeira de lentilhas com retenção de palha de arroz T. Aman sob sistema de lavoura em faixas em 2014-15 e 2015-16

Espaçamento	Altura da planta (cm)			
	20 DAS	40 DAS	60 DAS	80 DAS
30 cm	9.91 a	19.23 a	36.31 a	45.87 a
40 cm	7.30 b	13.85 b	29.80 b	38.97 b
LSD	0.49	1.62	2.39	2.44
CV (%)	6.14	10.60	7.82	6.23
LS (%)	0.1	1	1	1

As letras dissemelhantes diferem significativamente com o DMRT

Quadro 2. Efeito da interação ano × espaçamento entre linhas na altura das plantas em diferentes dias após a sementeira de lentilhas com retenção de palha de arroz T. Aman em sistema de mobilização em faixas

Ano × espaçamento	Altura da planta (cm)			
	20 DAS	40 DAS	60 DAS	80 DAS
(2014-15) × 30 cm	11.16 a	19.53	35.21	45.24
(2014-15) × 40 cm	7.51 c	14.51	28.53	37.62
(2015-16) × 30 cm	8.66 b	18.93	37.41	46.50
(2015-16) × 40 cm	7.08 c	13.18	31.07	40.32
LSD	0,69 (LS 1%)	NS	NS	NS
CV (%)	6.14	10.60	7.82	6.23

A altura do restolho (altura da palha) teve um efeito significativo na altura da planta em diferentes DAS (Quadro 3). A maior altura de planta (48,71 cm) foi encontrada a partir da altura do restolho 30 cm e 80 DAS em comparação com a altura do restolho 15 cm sem retenção de resíduos no campo. A altura da planta aumentou rapidamente até aos 60 DAS e depois continuou gradualmente até aos 80 DAS.

Quadro 3. Efeito da altura do restolho na altura da planta em diferentes dias após a sementeira da lentilha sob sistema de lavoura em faixas em 2014-15 e 2015-16

Tratamento	Altura da planta (cm)			
	20 DAS	40 DAS	60 DAS	80 DAS
Sem pelo/resíduos	5.47 c	11.00 c	25.70 c	34.46 c
Altura do restolho 15 cm.	8.83 b	17.48 b	34.41 b	44.08 b
Altura do restolho 30 cm.	11.51 a	21.14 a	39.07 a	48.71 a
LSD (LS 0,1%)	1.00	0.98	2.24	2.89
CV (%)	13.49	6.89	7.82	7.88

3.1.2 Efeito da interação ano × altura do restolho na altura da planta em diferentes dias após a sementeira da lentilha em sistema de mobilização em faixas:

Os dados de altura da planta não diferiram significativamente entre as interações ano × altura da palha em diferentes DAS (Tabela 4). A altura da planta variou de 32,28 a 48,74 cm aos 80 DAS. Foi observado um melhor desempenho na altura da planta na interação 2014-15 × altura do restolho a 30 cm de altura do restolho.

Quadro 4. Efeito da interação ano × altura do restolho na altura das plantas em diferentes dias após a sementeira da lentilha em sistema de mobilização em faixas

Ano × altura do restolho	Altura da planta (cm)			
	20 DAS	40 DAS	60 DAS	80 DAS
(2014-15) × N° de resíduos	6.03	10.98	24.25	32.28
(2014-15) × Altura do restolho 15 cm	9.36	18.11	33.25	43.26
(2014-15) × Altura do restolho 30 cm	12.61	21.96	38.12	48.74
(2015-16) × N° de resíduos	4.91	11.01	27.15	36.65
(2015-16) × Altura do restolho 15 cm	8.30	16.85	35.56	44.90
(2015-16) × Altura do restolho 30 cm	10.41	20.31	40.01	48.68
LSD	NS	NS	NS	NS
CV (%)	13.49	6.89	7.82	7.88

3.1.3 Efeito de interação entre o espaçamento e a altura do restolho na altura da planta em diferentes DAS:

Foram observadas variações significativas na altura das plantas entre o efeito da interação espaçamento × altura do restolho (Quadro 5). A maior altura de planta (52,12 cm) foi observada no espaçamento de 30 cm entre linhas e 30 cm de altura de restolho, seguida pelo espaçamento de 30 cm entre linhas e 15 cm de altura de restolho, enquanto a menor (33,23 cm) foi observada no espaçamento de 40 cm entre linhas sem resíduos.

Tabela 5. Efeito de interação do espaçamento × altura do restolho na altura da planta em diferentes DAS da lentilha sob sistema de lavoura em faixas em 2014-15 e 2015-16

Espaçamento entre linhas × altura do restolho	Altura da planta (cm)			
	20 DAS	40 DAS	60 DAS	80 DAS
30 cm × Sem restolho/resíduo	5.56 c	12.03 d	26,90 cd	35,70 cd
30 cm × Altura do restolho 15 cm	11.03 b	21.68 b	39.56 a	49.78 a
30 cm × Altura do restolho 30 cm	13.15 a	23.98 a	42.46 a	52.12 a
40 cm × Sem resíduos	5.38 c	9.96 e	24.50 d	33.23 d
40 cm × Altura do restolho 15 cm	6.63 c	13.28 d	29.25 c	38.38 c
40 cm × Altura do restolho 30 cm	9.88 b	18.30 c	35.67 b	45.30 b
LSD	1.42	1.39	3.16	4.09
CV (%)	13.49	6.89	7.82	7.88
LS (%)	0.10	0.10	5.00	5.00

3.1.4 Efeito da interação ano × espaçamento × altura do restolho na altura da planta da lentilha em diferentes DAS:

O efeito da interação ano × espaçamento × altura do restolho na altura da planta da lentilha em diferentes DAS não foi significativo (Quadro 6). A maior altura de planta (52,38 cm) foi encontrada aos 80 DAS do efeito de interação de 30 cm de espaçamento entre linhas e 30 cm de altura de restolho em 2014-15, em comparação com outros efeitos de interação.

Quadro 6. Efeito da interação ano × espaçamento × altura do restolho na altura da planta em diferentes DAS da lentilha sob sistema de mobilização em faixas

Ano × espaçamento × altura do restolho		Altura da planta (cm)			
		20 DAS	40 DAS	60 DAS	80 DAS
2014-15	30 cm × Sem restolho	6.10	12.03	25.50	33.50
	30 cm × Altura do restolho 15 cm	12.60	22.10	38.76	49.83
	30 cm × Altura do restolho 30 cm	14.80	24.46	41.36	52.38
	40 cm × Sem restolho	5.96	9.93	23.00	31.06
	40 cm × Altura do restolho 15 cm	6.13	14.13	27.73	36.70
	40 cm × Altura do restolho 30 cm	10.43	19.46	34.87	45.10
2015-16	30 cm × Sem restolho	5.03	12.03	28.30	37.90
	30 cm × Altura do restolho 15 cm	9.46	21.26	40.36	49.73
	30 cm × Altura do restolho 30 cm	11.50	23.50	43.56	51.86
	40 cm × Sem restolho	4.80	10.00	26.00	35.40

40 cm × Altura do restolho 15 cm	7.13	12.43	30.76	40.06
40 cm × Altura do restolho 30 cm	9.33	17.13	36.46	45.50
LSD	NS	NS	NS	NS
CV (%)	13.49	6.89	7.82	7.88

3.2 Ramos primários/planta em diferentes DAS de lentilha

O ano de cultivo (2014-2015 e 2015-2016) não teve efeito sobre os ramos primários/planta (Figura 2). O número de ramos primários/planta do ano 2014-15 mostrou-se comparativamente melhor do que o ano 2015-16. O número de ramos primários/planta não foi influenciado pelo espaçamento entre linhas e variou de 2,83 a 3,49 (Tabela 7).

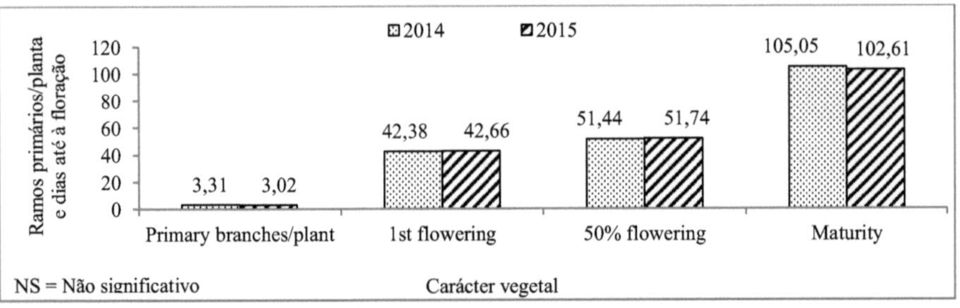

Figura 2. Efeito do ano de sementeira nos ramos primários/planta, dias até à floração e maturidade da lentilha em alturas variáveis de restolho de arroz T. Aman sob sistema de lavoura em faixas (NS)

Tabela 7. Efeito do espaçamento entre linhas nos ramos primários/planta, dias para a floração (primeiro e 50%) e dias para a maturação da lentilha sob sistema de lavoura em faixas em 2014-15 e 2015-16

Espaçamento	Ramos primários/planta	Dias até à floração		Dias até ao vencimento
		Primeiro	50%	
30 cm	3.49 a	44.11 a	53.94 a	105.55 a
40 cm	2.83 b	40.94 b	48.94 b	102.11 b
LSD	0,58 (LS 5%)	1,38 (LS 1%)	1,35 (LS 0,1%)	0,49 (LS 0,1%)
CV (%)	19.66	3.50	2.84	0.51

3.2.1 Efeito de interação entre o ano de sementeira e o espaçamento entre linhas nos ramos primários/planta:

Os ramos primários/planta não diferiram significativamente com o efeito da interação ano de sementeira × espaçamento entre linhas (quadro 8), em que os ramos primários/planta variaram entre 2,64 e 3,58.

A altura do restolho teve um efeito significativo nos ramos primários/planta e os ramos primários/planta mais elevados (3,83) foram observados a partir da altura do restolho de 30 cm em comparação com a altura do restolho de 15 cm (3,24) e sem resíduos (2,43) (Quadro 9).

Quadro 8. Efeito da interação ano × espaçamento nos ramos primários/planta, dias para a floração (primeiro e
50%), e dias até à maturidade da lentilha com retenção de palha de T. Aman em sistema de mobilização em faixas

Ano × espaçamento	Ramos primários/planta	Dias até à floração		Dias até ao vencimento
		Primeiro	50%	
(2014-15) × 30 cm	3.58	44.33	54.22	106.22 a
(2014-15) × 40 cm	3.03	40.44	48.66	103.88 c
(2015-16) × 30 cm	3.40	43.88	53.66	104.88 b
(2015-16) × 40 cm	2.64	41.44	49.22	100.33 c
LSD	NS	NS	NS (LS 5%)	0,69 (LS 5%)
CV (%)	19.66	3.50	2.77	0.51

Quadro 9. Efeito da altura do restolho nos ramos primários/planta, dias para a floração e dias para a maturação
de lentilhas em diferentes espaçamentos entre linhas no sistema de lavoura em faixas em 2014-2015 e 2015-16

Altura do pelo	Ramos primários/planta	Dias até à floração		Dias até ao vencimento
		Primeiro	50%	
Sem restolho/resíduos	2.43 c	36.00 c	45.50 c	99.00 c
Altura do restolho 15 cm.	3.24 b	44.50 b	52.58 b	104.75 b
Altura do restolho 30 cm.	3.83 a	47.08 a	56.25 a	107.75 a
LSD (LS 0,1%)	0.42	0.95	0.67	0.95
CV (%)	15.40	2.57	1.50	1.06

3.2.2 Efeito da interação ano × altura do restolho nos ramos primários/planta:

Os ramos primários/planta não diferiram significativamente com a combinação de tratamentos ano × altura do restolho (Quadro 10). O valor mais elevado de ramos primários/planta (3,86) registou-se em (2014-15) × altura do restolho e variou entre 2,21 e 3,86.

Quadro 10. Efeito da interação ano × altura do restolho nos ramos primários/planta, dias até à floração
(primeiro e 50%), e dias até à maturação da lentilha em diferentes espaçamentos entre linhas no sistema de mobilização em faixas

Ano × altura do restolho	Ramos primários/planta	Dias até à floração		Dias até ao vencimento
		Primeiro	50%	
(2014-15) × Nº de resíduos	2.65	36.16	45.00 d	101.00 d
(2014-15) × Altura do restolho 15 cm	3.41	44.33	52.66 b	105.83 b
(2014-15) × Altura do restolho 30 cm	3.86	46.66	55.83 a	108.33 a
(2015-16) × Nº de resíduos	2.21	35.83	46.00 c	97.00 e
(2015-16) × Altura do restolho 15 cm	3.06	44.66	52.50 b	103.67 c
(2015-16) × Altura do restolho 30 cm	3.80	47.50	55.83 a	107,16 ab
LSD	NS	NS	0,95 (LS 5%)	1,15 (LS 5%)
CV (%)	15.39	2.57	1.50	1.05

3.2.3 Efeito de interação entre o espaçamento e a altura do restolho nos ramos primários/planta:

O efeito da interação entre o espaçamento e a altura do restolho foi significativo nos ramos primários/planta (Quadro 11). O maior número de ramos primários/planta (4,20) foi observado no espaçamento de 30 cm entre linhas e 30 cm de altura de restolho; que foi estatisticamente semelhante (3,80) ao espaçamento de 30 cm entre linhas e 15 cm de altura de palha, enquanto o menor (2,36) foi observado no espaçamento de 40 cm entre linhas sem condição de resíduo.

Tabela 11. Efeito de interação entre o espaçamento e a altura do restolho nos ramos primários/planta, dias para a floração (primeiro e 50%) e dias para a maturação da lentilha em sistema de lavoura em faixas em 2014-15 e 2015-16

Espaçamento × altura do restolho	Ramos primários/planta	Dias até à floração		Dias até ao vencimento
		Primeiro	50%	
30 cm × Sem resíduos	2.49	37.16	46.50 e	100.16 d
30 cm × Altura da palha 15 cm	3.80	46.33	56.66 b	107.16 b
30 cm × Altura da palha 30 cm	4.20	48.83	58.66 a	109.33 a
40 cm × Sem resíduos	2.36	34.83	44.50 f	97.83 e
40 cm × Altura da palha 15 cm	2.68	42.66	48.50 d	102.33 c
40 cm × Altura da palha 30 cm	3.46	45.33	53.83 c	106.17 b
LSD	NS	NS	0,95 (LS 1%)	1,34 (LS 5%)
CV (%)	15.39	2.57	1.50	1.06

3.2.4 Efeito da interação ano × espaçamento × altura do restolho nos ramos primários/planta:

O efeito da interação ano × espaçamento × altura da palha nos ramos primários/planta não foi significativo (quadro 12). A maior quantidade de ramos primários/planta foi registada em 2015-16 × espaçamento entre linhas 30 cm × altura da palha 30 cm, o que é próximo de 2014-15 × espaçamento entre linhas 30 cm × altura da palha 30 cm (4,16).

Quadro 12 Efeito da interação ano × espaçamento × altura do restolho nos ramos primários/planta, dias até
floração (primeira e 50%) e dias de maturação no sistema de lavoura em faixas em 2014-15 e 2015-16

Ano × espaçamento × altura do restolho		Ramos primários/planta	Dias até à floração		Dias até ao vencimento
			Primeiro	50%	
	30 cm × Sem resíduos	2.73	37.33	46.00	102.33 d
	30 cm × Altura do restolho 15 cm	3.90	46.66	57.33	107.00 b
2014-15	30 cm × Altura do restolho 30 cm	4.13	49.00	59.33	109.33 a
	40 cm × Sem resíduos	2.56	35.00	44.00	99,66 ef
	40 cm × Altura da palha 15 cm	2.93	42.00	48.00	104.67 c
	40 cm × Altura da palha 30 cm	3.60	44.33	54.00	107.33 b
20	30 cm × Sem resíduos	2.25	37.00	47.00	98.00 f

30 cm × Altura da palha 15 cm	3.70	46.00	56.00	107.33 b
30 cm × Altura da palha 30 cm	4.26	48.66	58.00	109.33 a
40 cm × Sem resíduos	2.16	34.66	45.00	96.00 g
40 cm × Altura da palha 15 cm	2.43	43.33	49.00	100.00 e
40 cm × Altura da palha 30 cm	3.33	46.33	53.66	105.00 c
LSD	NS	NS	NS	1,90 (LS 5%)
CV (%)	15.39	2.57	1.90	1.06

3.3 Dias para a primeira floração

Os dias para a primeira floração foram observados de 2014-2015 a 2015-2016 (Figura 2). O resultado da análise combinada mostra que não houve variação nos dias para a primeira floração entre os anos de semeadura e variou de 41,38 a 42,66 dias. Por outro lado, os dias para a primeira floração variaram significativamente com o espaçamento entre linhas ou entre linhas (Tabela 7). O máximo de dias (44,11) para atingir a primeira floração foi encontrado no espaçamento de 30 cm entre linhas, enquanto o mínimo de dias (40,44) foi encontrado no espaçamento de 40 cm entre linhas. O efeito da interação ano × espaçamento entre linhas nos dias para a primeira floração não diferiu significativamente (quadro 8), tendo os dias para a primeira floração variado entre 44,33 e 40,44.

Foi observada uma variação significativa entre as alturas de restolho (Quadro 9) nos dias para a primeira floração. O máximo de dias (47,08) para atingir a primeira floração foi encontrado na altura do restolho de 30 cm em comparação com a altura do restolho de 15 cm (44,50) e sem resíduo (36,00).

Os dias para a primeira floração não diferiram significativamente entre as interações ano × altura do restolho (quadro 10) e variaram entre 35,83 e 47,50 dias.

O efeito da interação espaçamento × altura do restolho nos dias até à primeira floração não foi significativo entre as combinações de tratamentos (quadro 11). Os dias para atingir a primeira floração entre as interações situaram-se entre 48,83 e 34,83.

O efeito da interação ano × espaçamento × altura da palha nos dias até à primeira floração da lentilha também não foi significativo (quadro 12). Os dias para atingir a primeira floração da lentilha variaram de 34,66 a 49,00 entre as combinações de tratamentos.

3.4 Dias para 50% de floração

Os dias para 50% de floração foram observados durante o ano de 2014-2015 e 2015-2016 e não houve variação nos dias para 50% de floração (Figura 2). Os dias mais altos (51,74) levaram a 50% de floração em 2015-16 ano. Os dias para 50% de floração variaram de 51,34 a 51,74.

O efeito do espaçamento entre linhas sobre os dias para 50% de floração foi significativo e o máximo de dias para atingir 50% de floração (53,94) foi no espaçamento entre linhas de 30 cm, enquanto o mínimo de dias (48,94) foi no espaçamento entre linhas de 40 cm (Quadro 7). Os dias até 50% de floração não variaram significativamente com o efeito da interação ano de semeadura × espaçamento entre linhas e os dias até 50% de floração variaram de 48,66 a 54,22 (Tabela 8).

Os dias até 50% de floração variaram significativamente com a altura do restolho (Quadro 9). O máximo de dias para atingir 50% de floração (56,25) foi encontrado na altura do restolho de 30 cm e o mínimo foi na ausência de retenção de resíduos (45,50). Os dias para atingir 50% de floração não diferiram significativamente com o efeito da interação ano × altura da palha (quadro 10) e variaram entre 45,00 e 55,83.

Foram observadas variações significativas entre o efeito da interação entre o espaçamento e a altura da palha (Quadro 11). O máximo de dias para atingir 50% do estágio de floração (58,66) foi observado na combinação de 30 cm de espaçamento entre linhas e 30 cm de altura do restolho, enquanto o mínimo (44,50) foi observado no espaçamento de 40 cm entre linhas sem retenção de resíduos.

Os efeitos da interação ano × espaçamento × altura do restolho nos dias até à floração de 50 % da lentilha não foram significativos (quadro 12). O maior número de dias demorou em 2014-15 × 30 cm de espaçamento entre linhas × 30 cm de altura do restolho e o mínimo de dias (44,00) para atingir 50 por cento de floração foi em 2014-15 × 40 cm de espaçamento sem resíduos.

3,5 Dias até ao vencimento

Os dias para a maturação não variaram com o ano de cultivo 2014-2015 e 2015-2016 (Figura 2). Os dias para a maturação variaram de 102,61 a 105,05. Por outro lado, os dias para a maturação da lentilha variaram significativamente com o espaçamento entre linhas (Tabela 7). O máximo de dias (104,66) foi necessário para atingir a maturidade no espaçamento entre linhas de 30 cm, enquanto o mínimo de dias (102,33) foi necessário no espaçamento entre linhas de 40 cm. Os resultados mostram que o espaçamento mais largo (40 cm) aumentou a maturidade da lentilha, enquanto o espaçamento de fecho atrasou a maturidade.

O efeito da interação ano × espaçamento entre linhas foi significativo nos dias até à maturidade (Quadro 8). O máximo de dias foi necessário para atingir a maturidade (106,22 dias) em 2014-15 e 104,88 dias em 2015-16 com espaçamento estreito (30 cm), enquanto o mínimo de dias para 100,33 foi necessário em 2015-16.

A maturidade da lentilha foi significativamente influenciada pela retenção da altura do restolho. O máximo de dias foi necessário para atingir o estádio de maturação (107,75) com uma retenção de 30 cm na altura do restolho, enquanto o mínimo de dias foi necessário na condição sem resíduos (99,00) (Quadro 9).

O efeito da interação entre o ano e a altura do restolho foi significativamente positivo nos dias de maturação da lentilha (quadro 10). O máximo de dias foi necessário para atingir a maturidade na altura da palha de 30 cm durante 2014-15 (108,33 dias) e foi idêntico na altura da palha de 15 cm em 2014-15 (105,83), enquanto o mínimo (97,00) dias foi necessário sem condições de resíduos em 2015-16.

Foram observadas variações significativas nos dias de maturação da lentilha pelo efeito da interação entre o espaçamento e a altura da palha (Quadro 11). O máximo de dias para atingir a maturidade (109,33) foi observado no espaçamento de 30 cm entre linhas e 30 cm de altura do restolho, enquanto o mínimo (97,83) foi observado no espaçamento de 40 cm entre linhas e na condição sem resíduos.

O efeito da interação ano × espaçamento × altura do restolho nos dias de maturação da lentilha foi significativo (quadro 12). O máximo de dias para atingir a maturidade (109,83) pode ser observado no espaçamento entre linhas de 30 cm e na altura do restolho de 30 cm durante 2014-15, enquanto o mínimo (96,00) foi necessário no espaçamento entre linhas de 40 cm sem condição de resíduo durante 2015-16.

3.6 Peso da folha fresca, peso da folha seca, peso da raiz fresca e peso da raiz seca da lentilha em diferentes espaçamentos e retenção de palha de arroz T. Aman em sistema de lavoura em faixas

3.6.1 Peso fresco da folha (g/planta)

O peso fresco da folha foi observado durante 2014-2015 e 2015-2016 e não encontrou variação (Figura 3). O peso fresco das folhas variou de 2,37 a 2,70 g/planta em 2014-15 e 2015-16, respetivamente.

O espaçamento entre linhas mostrou uma variação significativa no peso fresco das folhas (Quadro 13). Observou-se que o maior peso fresco da folha (2,88 g) foi encontrado no espaçamento de 30 cm entre linhas, enquanto o menor peso (2,20 g) foi encontrado no espaçamento de 40 cm entre linhas. O peso fresco da folha não variou significativamente com o efeito da interação ano × espaçamento entre linhas e variou de 2,08 a 3,09 g (quadro 14).

O peso fresco das folhas variou significativamente com a altura do restolho (Quadro 15). O peso fresco da folha mais elevado (3,25 g) foi encontrado na altura do restolho de 30 cm. Por outro lado, o peso fresco das folhas não variou significativamente com o efeito da interação ano × altura do restolho e variou entre 1,60 (2014-15 × sem retenção de resíduos) e 3,38 g (2015-16 × altura do restolho 30 cm) (quadro 16).

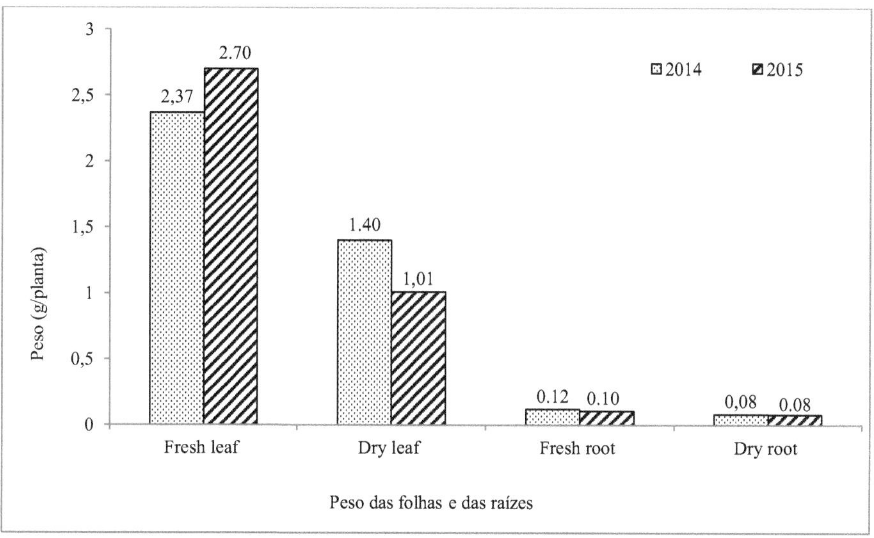

Figura 3. Efeito do ano de sementeira no peso fresco das folhas, peso seco das folhas, peso fresco das raízes e peso seco das raízes
peso da lentilha em diferentes espaçamentos e retenção de palha do arroz T. Aman em sistema de mobilização em faixas (NS)

Tabela 13. Efeito do espaçamento entre linhas no peso fresco e seco da folha, peso fresco e seco da raiz da lentilha com retenção de palha de arroz T. *Aman* sob sistema de lavoura em faixas em 2014-15 e 2015-16

Espaçamento	Peso fresco da folha (g)	Peso seco da folha (g)	Peso fresco da raiz (g)	Peso seco da raiz (g)
30 cm	2.88 a	1.37 a	0.12 a	0.09 a
40 cm	2.20 b	1.03 b	0.10 b	0.07 b
LSD (LS 0,1%)	0.12	0.07	0.01	0.01
CV (%)	4.98	6.30	8.60	6.80

Tabela 14. Efeito da interação ano × espaçamento entre linhas no peso fresco e seco das folhas, peso fresco e seco das raízes de lentilhas com retenção de palha de arroz T. *Aman* em sistema de mobilização em faixas em 2014-15 e 2015-16

Ano × espaçamento	Peso fresco da folha (g)	Peso seco da folha (g)	Peso fresco da raiz (g)	Peso seco da raiz (g)
(2014-15) × 30 cm	2.67	1.61 a	0.126	0.09
(2014-15) × 40 cm	2.08	1.18 b	0.11	0.07
(2015-16) × 30 cm	3.09	1.14 b	0.11	0.09
(2015-16) × 40 cm	2.31	0.89 c	0.09	0.07
LSD	NS	0,10 (LS 5%)	NS	NS
CV (%)	4.98	6.30	8.60	6.80

Quadro 15. Efeito da altura do restolho do arroz T. *Aman* no peso fresco e seco da folha, peso fresco e seco da raiz da lentilha em diferentes espaçamentos entre linhas no sistema de lavoura em faixas em 2014-15 e 2015-16

Altura do pelo	Peso fresco da folha (g)	Peso seco da folha (g)	Peso fresco da raiz (g)	Peso seco da raiz (g)
Sem resíduos	1.80 c	0.84 c	0.091 c	0.055 c
Altura do pelo 15 cm	2.56 b	1.21 b	0.114 b	0.084 b
Altura do restolho 30 cm	3.25 a	1.57 a	0.128 a	0.095 a
LSD (LS 0,1%)	0.16	0.10	0.007	0.0055
CV (%)	7.04	9.90	7.14	8.53

Quadro 16. Efeito da interação ano × altura do restolho no peso fresco e seco das folhas, peso fresco e seco da raiz da lentilha em diferentes espaçamentos entre linhas no sistema de lavoura em faixas em 2014-15 e 2015-16

Ano × tratamento	Peso fresco da folha (g)	Peso seco da folha (g)	Peso fresco da raiz (g)	Peso seco da raiz (g)
(2014-15) × Nº de resíduos	1.60	0.95 c	0.10	0.06
(2014-15) × Altura do restolho 15 cm	2.41	1.37 b	0.12	0.08
(2014-15) × Altura do restolho 30 cm	3.11	1.87 a	0.13	0.09
(2015-16) × Nº de resíduos	2.00	0.73 d	0.08	0.05
(2015-16) × Altura do restolho 15 cm	2.71	1.05 c	0.11	0.08
(2015-16) × Altura do restolho 30 cm	3.38	1.26 b	0.12	0.10
LSD	NS	0,15 (LS 0,1%)	NS	NS
CV (%)	7.04	9.90	7.14	8.54

Foram observadas variações significativas entre o efeito da interação espaçamento × altura do restolho no peso fresco das folhas (Quadro 17). O maior peso fresco das folhas (3,71 g) pode ser observado no espaçamento entre linhas de 30 cm a 30 cm de altura da palha, em comparação com as outras combinações de tratamento, enquanto o menor (1,89 g) foi observado no espaçamento entre linhas de 40 cm na condição sem resíduos.

O peso fresco das folhas não diferiu com o efeito da interação ano × espaçamento × altura da palha (quadro 18). O peso fresco da folha (g/planta) mais elevado (3,92) foi registado em 2015-16 × espaçamento entre linhas 30 cm × altura do restolho 30 cm, seguido de 2014-15 × espaçamento entre linhas 30 cm × altura do restolho 30 cm (3,49 g/planta). O peso fresco das folhas mais baixo foi encontrado em 2014-15 × espaçamento entre linhas 40 cm × combinação de tratamento sem restolho/palha.

Quadro 17. Efeito da interação espaçamento × altura do restolho no peso fresco e seco da folha, peso fresco e seco da raiz da lentilha em diferentes espaçamentos entre linhas de lentilha sob sistema de lavoura em faixas em 2014-15 e 2015-16

Espaçamento × altura do restolho	Peso fresco da folha (g)	Peso seco da folha (g)	Peso fresco da raiz (g)	Peso seco da raiz (g)
30 cm × Sem palha/estilhaço	1,89 de	0,88 cd	0.10 c	0.06 d
30 cm × Altura do restolho 15 cm	3.03 b	1.43 b	0,13ab	0.10 a
30 cm × Altura do restolho 30 cm	3.71 a	1.81 a	0.14 a	0.10 a
40 cm × Sem palha/estilhaço	1.71 e	0.80 d	0.09 e	0.05 e
40 cm × Altura do restolho	2.09 d	0.99 c	0.10 c	0.07 c

15 cm 40 cm × Altura do restolho 30 cm	2.79 c	1.31 b	0.12 b	0.09 b
LSD	0.22	0.15	0.01	0.01
CV (%)	7.04	9.90	7.14	8.54
LS	0.1%	0.1%	5%	1%

Quadro 18. Efeito da interação ano × espaçamento × altura do restolho no peso fresco e seco das folhas, peso fresco e seco das raízes da lentilha em sistema de mobilização em faixas em 2014-15 e 2015-16

Ano × espaçamento × altura do restolho		Peso fresco da folha (g)	Peso seco da folha (g)	Peso fresco da raiz (g)	Peso seco da raiz (g)
2014-15	30 cm. × Sem restolho/resíduo	1.72	0.97	0.11	0.10
	30 cm. × Altura do restolho 15 cm	2.78	1.67	0.13	0.10
	30 cm. × Altura do restolho 30 cm	3.49	2.21	0.14	0.10
	40 cm. × Sem resíduos	1.47	0.93	0.10	0.05
	40 cm. × Altura do restolho 15 cm	2.04	1.07	0.11	0.07
	40 cm. × Altura do restolho 30 cm	2.74	1.54	0.13	0.09
2015-16	30 cm. × Sem restolho/resíduo	2.06	0.79	0.10	0.06
	30 cm. × Altura do restolho 15 cm	3.29	1.20	0.12	0.10
	30 cm. × Altura do restolho 30 cm	3.92	1.42	0.13	0.11
	40 cm. × Sem restolho/resíduo	1.95	0.67	0.07	0.05
	40 cm. × Altura do restolho 15 cm	2.14	0.90	0.09	0.07
	40 cm. × Altura do restolho 30 cm	2.83	1.09	0.11	0.09
LSD		NS	NS	NS	NS
CV (%)		7.04	9.90	6.86	8.54

3.6.2 Peso seco das folhas (g/planta)

O peso seco das folhas foi observado durante 2014-2015 e 2015-2016 e não encontrou variação significativa. O peso seco das folhas variou de 1,01 a 1,40 g/planta (Figura 3).

O peso seco das folhas variou significativamente de acordo com o espaçamento entre linhas, onde o maior peso seco das folhas (1,37 g) foi encontrado no espaçamento entre linhas de 30 cm e o menor (1,03) no espaçamento entre linhas de 40 cm (Quadro 13). Verifica-se também que o peso seco das folhas não variou com o efeito da interação entre o ano de sementeira e o espaçamento entre linhas (Quadro 14). O maior peso de folha seca (1,61g) foi encontrado em **2014-15**× 30 cm de espaçamento entre linhas.

A retenção de palha no campo de lentilhas teve uma influência significativa no peso seco das folhas e o maior peso seco das folhas (1,57 g) foi observado em campos com 30 cm de altura de restolho e o menor peso (0,84 g) foi observado em campos sem palha (Quadro 15). Por outro lado, o resultado da interação ano × altura do restolho mostrou que o peso seco mais elevado das folhas (1,87 g) foi medido a 30 cm de altura do restolho em 2014-15 e o peso mais baixo (0,73 g) foi medido em condições de ausência de palha durante o ano de sementeira de 2015-16 (quadro 16).

O peso seco das folhas também foi significativamente influenciado pelo efeito de interação entre o espaçamento e a altura do restolho, onde o maior peso seco das folhas (1,81 g) foi observado no espaçamento de 30 cm entre linhas e 30 cm de altura da palha e o menor peso (0,80 g) foi observado no espaçamento de 40 cm entre linhas e sem resíduos (Quadro 17).

O efeito da interação ano × espaçamento × altura da palha no peso seco das folhas não influenciou significativamente o peso seco das folhas (Quadro 18). O peso das folhas secas entre as interações foi de 0,67 a 2,21 g e o maior peso das folhas secas foi na combinação de tratamentos de 2014-15 (ano de sementeira) × 30 cm (espaçamento entre linhas) × 30 cm (altura do restolho).

3.6.3 Peso fresco da raiz (g/planta)

O peso fresco da raiz foi observado durante 2014-2015 e 2015-2016 e não encontrou variação entre os anos (Figura 3). O peso fresco da raiz em dois espaçamentos entre linhas foi significativamente diferente (Tabela 13). O maior peso fresco da raiz (0,12 g) foi medido no espaçamento entre linhas de 30 cm, enquanto o menor (0,10 g) no espaçamento entre linhas de 40 cm. O efeito da interação ano × espaçamento entre linhas no peso fresco da raiz foi considerado insignificante (quadro 14).

A altura do restolho mostrou um efeito significativo no peso fresco da raiz (Quadro 15), sendo o peso fresco da raiz mais elevado (0,13 g) na altura do restolho de 30 cm e o mais baixo no campo sem resíduos (0,10 g). Entretanto, não foi encontrado um efeito significativo da interação entre o ano e a altura do restolho no peso fresco da raiz (quadro 16).

O efeito da interação entre o espaçamento e a altura da palha no peso fresco da raiz da lentilha foi significativo e o peso fresco da raiz mais elevado (0,14 g) foi medido no espaçamento de 30 cm entre linhas e 30 cm de altura do restolho, em comparação com o espaçamento de 30 cm entre linhas e 15 cm de altura da palha (0,13 g), o espaçamento de 40 cm entre linhas e 30 cm de altura da palha (0,12 g) e o espaçamento de 40 cm entre linhas e 15 cm de altura da palha (0,10 g), enquanto o mais baixo (0,09 g) foi medido no espaçamento de 40 cm sem resíduos (Quadro 17).

O efeito da interação ano × espaçamento × altura da palha no peso fresco da raiz da lentilha também não foi significativo e o peso fresco da raiz entre as interações variou de 0,07 a 0,14 g (quadro 18).

3.6.4 Peso seco da raiz (g/planta)

O peso seco da raiz foi observado durante 2014-2015 e 2015-2016 e não foi encontrado nenhum efeito significativo do ano de semeadura sobre ele (Tabela 13), enquanto o espaçamento entre linhas variou significativamente o peso seco da raiz (Tabela 14). O peso seco da raiz mais elevado (0,09 g) registou-se no espaçamento entre linhas de 30 cm e o peso mais baixo (0,07 g) registou-se no espaçamento entre linhas de 40 cm. Além disso, o efeito da interação ano × espaçamento entre linhas no peso seco da raiz também não foi significativo e variou de 0,07 a 0,09 g (quadro 15).

A altura do restolho teve um efeito significativo no peso seco das folhas (Quadro 16). O peso seco das folhas mais elevado (0,10 g) foi registado na altura do restolho de 30 cm. O efeito da interação ano × altura do restolho no peso seco da raiz da lentilha não foi significativo (quadro 16).

Foram observadas variações significativas entre o efeito da interação espaçamento × altura da palha no peso seco da raiz (Quadro 17). O maior peso seco de raiz (0,10 g) foi obtido no espaçamento de 30 cm entre linhas e 30 cm de altura de palha, que foi estatisticamente idêntico ao espaçamento de 30 cm entre linhas (0,10 g) e 15 cm de altura de palha, enquanto o menor (0,05 g) foi encontrado no espaçamento de 40 cm entre linhas sem resíduos.

O peso seco da raiz não variou significativamente com o efeito da interação ano × espaçamento × altura do restolho. O peso seco da raiz entre a interação variou de 0,05 a 0,11 g (Quadro 18).

3.7 Número de vagens/planta

O número de vagens/planta foi observado durante 2014-2015 e 2015-2016 e encontrou variação significativa (Tabela 13), enquanto o número máximo de vagens/planta (74,98) foi em 2015-16 e o número mínimo (67,91) foi no ano de semeadura 2014-15.

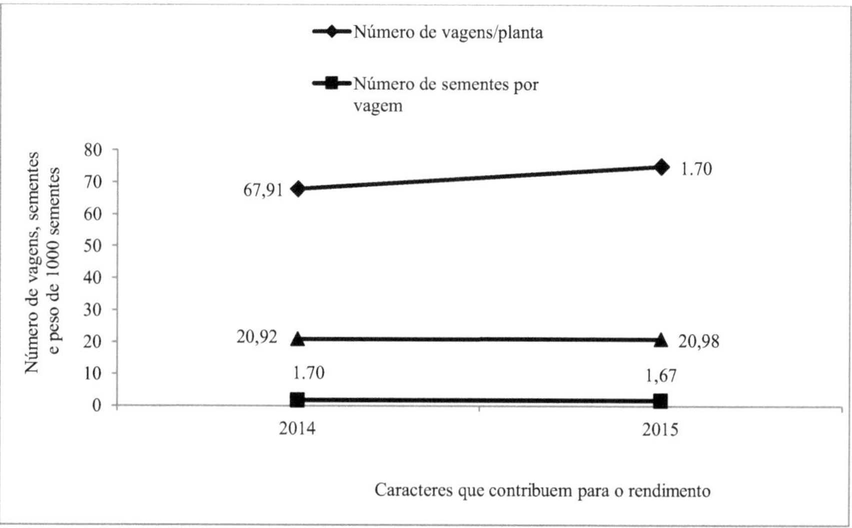

Figura 4. Efeito do ano no número de vagens/planta, número de sementes/vagem e peso de mil sementes
de lentilhas em diferentes espaçamentos e retenção de palha de arroz T. Aman em sistema de mobilização em faixas (NS)

O número de vagens/planta variou significativamente com o espaçamento entre linhas (Quadro 19). O maior número de vagens/planta (79,80) foi obtido com o espaçamento estreito (30 cm), enquanto o menor número de vagens (63,10) foi obtido com o espaçamento mais largo (40 cm). O efeito da interação ano × espaçamento entre linhas no número de vagens/planta não foi significativo (quadro 20) e o número de vagens/planta variou entre 59,17 e 82,95.

Tabela 19. Efeito do espaçamento entre linhas no número de vagens/planta, número de sementes/vagem e mil sementes
peso da lentilha com retenção de palha de T. Aman em sistema de lavoura em faixas em 2014-15 e 2015-16

Espaçamento	Número de vagens/planta	Número de sementes por vagem	1000 peso da semente (g)
30 cm	79.80 a	1.76 a	21.38 a
40 cm	63.10 b	1.61 b	20.56 b
LSD	5.68	0.06	0.10
CV (%)	8.59	3.78	0.52
LS (%)	1	1	0.1

A altura da palha teve um efeito significativo no número de vagens/planta (Quadro 21). O maior número de vagens (89,25) foi obtido com uma altura de palha de 30 cm e o menor número (50,84) no campo sem retenção de resíduos. O efeito da interação ano × altura da palha no número de vagens/planta da lentilha não foi significativo e variou entre 46,95 e 92,66 entre as interações (quadro 22).

Quadro 20. Efeito da interação ano × espaçamento no número de vagens/planta, número de sementes/vagem e
peso de mil sementes de lentilha com retenção de palha de T. Aman sob sistema de lavoura em faixas em 2014-15 e 2015-16

Ano × espaçamento	Número de vagens/planta	Número de sementes/ vagem	1000 peso da semente (g)
(2014-2015) × 30 cm	76.65 a	1.77	21.32 a
(2014-2015) × 40 cm	59.17 b	1.62	20.61 b
(2015-2016) × 30 cm	82.95 a	1.76	21.44 a
(2015-2016) × 40 cm	67.02 b	1.59	20.51 b
LSD	8.03	NS	0.14
CV (%)	8.59	3.78	0.52
LS (%)	NS	NS	0.101

Tabela 21. Efeito da altura do restolho do arroz T. Aman no número de vagens/planta, número de sementes/vagem e peso de mil sementes de lentilha em diferentes espaçamentos entre linhas sob sistema de lavoura em faixas em 2014-15 e 2015-16

Altura do pelo	Número de vagens/planta	Número de sementes/ vagem	1000 peso da semente (g)
Sem resíduos	50.84 c	1.48 c	20.34 c
Altura da palha 15 cm.	74.25 b	1.73 b	21.02 b
Altura da palha 30 cm.	89.25 a	1.84 a	21.55 a
LSD (LS 0,01)	5.54	0.04	0.08
CV 9%)	8.96	2.84	0.45

Tabela 22. Efeito da interação ano × altura do restolho do arroz T. Aman no número de vagens/planta, número de sementes/vagem e peso de mil sementes de lentilha em diferentes espaçamentos entre linhas sob sistema de mobilização em faixas em 2014-15 e 2015-16

Ano × altura do restolho	Número de vagens/planta	Número de sementes por vagem	1000 peso da semente (g)
(2014-2015) × Sem resíduos	46.95	1.49	20.38 d
(2014-2015) × Palha altura 15 cm	70.95	1.75	20.93 c
(2014-2015) × Palha altura 30 cm	85.85	1.85	21.60 a
(2015-2016) × Sem resíduos	54.73	1.47	20.30 d
(2015-2016) × Palha altura 15 cm	77.56	1.70	21.12 b
(2015-2016) × Palha altura 30 cm	92.66	1.84	21.51 a
LSD (0,01)	NS	NS	0.12
CV (%)	8.84	2.84	0.45

A interação entre o espaçamento e a altura da palha teve um efeito significativo no número de vagens/planta, enquanto o maior número de vagens (96,78) foi obtido com o espaçamento de 30 cm entre linhas e 30 cm de altura da palha, e o menor número (47,58) com o espaçamento de 40 cm entre linhas e sem resíduos (Quadro 23).

Quadro 23. Efeito da interação entre o espaçamento entre linhas e a altura do restolho no número de vagens/planta, no número de sementes/vagem e no peso de mil sementes de lentilha em sistema de mobilização em faixas

Espaçamento × altura do restolho	Número de vagens/planta	Número de sementes/ vagem	1000 peso da semente (g)
30 cm × Sem resíduos	54.10 cd	1.53 e	20,39 de
30 cm × Altura da palha 15 cm	88.53 b	1.85 b	21.57 b
30 cm × Altura da palha 30 cm	96.78 a	1.92 a	22.19 a
40 cm × Sem resíduos	47.58 d	1.44 f	20.29 e
40 cm × Altura da palha 15 cm	59.98 c	1.61 d	20.48d
40 cm × Altura da palha 30 cm	81.73 b	1.77 c	20.92 c
LSD (LS 0,1%))	7.83	0.06	0.12
CV (%)	8.96	2.84	0.45

O efeito da interação ano × espaçamento × altura da palha no número de vagens/planta de lentilhas não foi significativo e o número de vagens variou entre 43,50 e 99,53 (quadro 24).

Tabela 24. Efeito da interação ano × espaçamento × altura do restolho no número de vagens/planta, número de sementes/vagem e peso de mil sementes de lentilha em sistema de lavoura em faixas em 2014-15 e 2015-16

Ano × espaçamento × altura do restolho		Número de vagens/planta	Número de sementes/ vagem	1000 peso da semente (g)
	30 cm × Sem resíduos	50.40	1.54	20,42 ef
	30 cm × Altura da palha 15 cm.	85.53	1.86	21.33 c
2014-2015	30 cm × Altura da palha 30 cm.	94.03	1.91	22.23 a
	40 cm × Sem resíduos	43.50	1.44	20,33 fg
	40 cm × Altura da palha 15 cm.	56.36	1.65	20.52 e
	40 cm × Altura da palha 30 cm.	77.66	1.79	20.97 d
	30 cm × Sem resíduos	57.80	1.51	20,35 fg
	30 cm × Altura da palha 15 cm.	91.53	1.84	21.82 b
2015-2016	30 cm × Altura da palha 30 cm.	99.53	1.92	22.15 a
	40 cm × Sem resíduos	51.66	1.44	20.25 g
	40 cm × Altura da palha 15 cm.	63.60	1.57	20,43 ef
	40 cm × Altura da palha 30 cm.	85.80	1.76	20.86 d
	LSD (0,01)	NS	NS	0.16
	CV (%)	8.96	2.84	0.45

3,8 Número de sementes por vagem

O número de sementes/pod de lentilha não variou significativamente durante 2014-2015 e 2015-2016 (Figura 4). O efeito do espaçamento entre linhas sobre o número de sementes/polegar foi significativo e o maior número de sementes/polegar (1,76) foi observado no espaçamento estreito (30 cm), enquanto o menor (1,61) no espaçamento mais largo (40 cm) (Quadro 19). Mais uma vez, a interação ano × espaçamento entre linhas não teve efeito significativo no número de sementes/polegar e variou entre 1,59 e 1,77 (quadro 20).

A altura da palha teve uma variação significativa no número de sementes/pod (Tabela 21). O maior número de sementes por vagem (1,84) foi obtido no campo com altura de palha de 30 cm e o menor número (1,48) no campo sem retenção de palha. O efeito da interação ano × altura da palha sobre o número de sementes por vagem da lentilha não foi significativo e variou entre 1,49 e 1,85 (quadro 22).

Por outro lado, a combinação de tratamento espaçamento × altura da palha teve um efeito significativo sobre as sementes/vagem (Tabela 23). O maior número de sementes/vagem (1,91) ocorreu no espaçamento de 30 cm entre linhas e 30 cm de altura da palha, enquanto o menor número de sementes/vagem (1,44) ocorreu no espaçamento de 40 cm entre linhas e sem resíduos.

No caso do efeito da interação ano × espaçamento × palha, não se verificaram variações significativas no número de sementes/polegar e o efeito da interação 2014-15 × 30 cm de espaçamento entre linhas × 30 cm de altura da palha mostrou um melhor número de sementes/polegar entre as interações. A variação entre as interações foi de 1,44 a 1,92 (quadro 24).

3,9 Mil Peso das sementes

O peso de mil sementes não foi afetado pelo ano de semeadura significativamente durante 2014-2015 e 2015-2016 (Figura 4). O maior peso de mil sementes (20,98 g) foi obtido no ano de 2014-2015 e o menor (20,88 g) em 2015-2016. Os dados do espaçamento entre linhas mostraram um efeito significativo no peso de mil sementes (Tabela 19). O maior peso de mil sementes (21,38 g) foi encontrado no espaçamento entre linhas de 30 cm, enquanto o menor (20,56 g) foi encontrado no espaçamento entre linhas de 40 cm. Por outro lado, a combinação ano × espaçamento entre linhas não teve efeito significativo no peso de mil sementes, que variou de 20,51 a 21,44 g (quadro 20).

O peso de mil sementes variou com o aumento da altura do restolho e o maior peso de mil sementes (21,55 g) foi na altura do restolho de 30 cm e o menor (20,34g) foi na condição sem resíduos (Tabela 21).

O efeito da interação ano × altura da palha sobre o peso de mil sementes foi significativo e o peso de mil sementes mais elevado (21,60 g) foi encontrado a partir da altura do restolho de 30 cm em 2014-15, enquanto o mais baixo (20,30 g) foi obtido em condições sem resíduos durante o ano de 2015-16 (Quadro 22). Por outro lado, o efeito da interação espaçamento × altura da palha no peso de mil sementes foi significativo (Quadro 23). O maior peso de mil sementes (22,19 g) foi obtido no espaçamento de 30 cm entre linhas e 30 cm de altura da palha, enquanto o menor (20,39 g) foi obtido no espaçamento de 40 cm entre linhas e sem resíduos.

A combinação de tratamento ano × espaçamento × altura da palha mostrou um efeito significativo no peso de mil sementes (Tabela 24). O maior peso de mil sementes (22,23 g) foi encontrado no espaçamento de 30 cm entre linhas e 30 cm de altura de palha durante 2014-15, enquanto o menor (20,23 g) foi encontrado no espaçamento de 40 cm entre linhas sem resíduos durante 2015-16.

3.10 Rendimento de sementes (kg/ha)

O rendimento de sementes do ano 2014-2015 e 2015-2016 não teve variação significativa entre os anos de semeadura (Figura 5). O rendimento de sementes variou significativamente de acordo com o espaçamento entre linhas e o maior rendimento de sementes (1124,5 kg/ha) foi encontrado no espaçamento entre linhas de 30 cm, enquanto o menor (907,6 kg/ha) foi no espaçamento entre linhas de 40 cm (Figura 6).

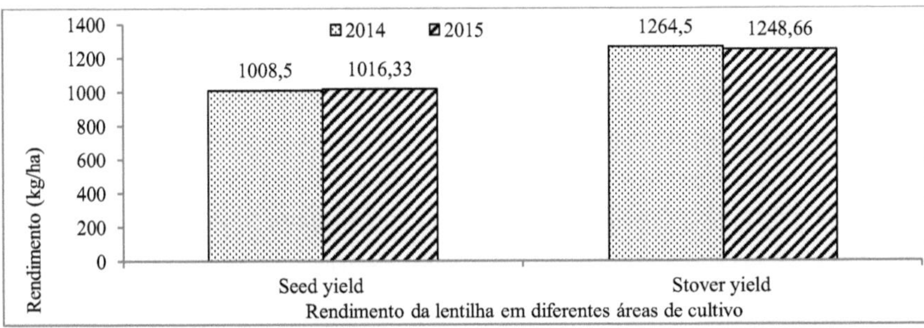

Figura 5. Efeito do ano de sementeira no rendimento de sementes e no rendimento de palha da lentilha em diferentes espaçamentos e na retenção de palha do arroz T. Aman sob sistema de lavoura em faixas em 2014-15 e 2015-16 (NS)

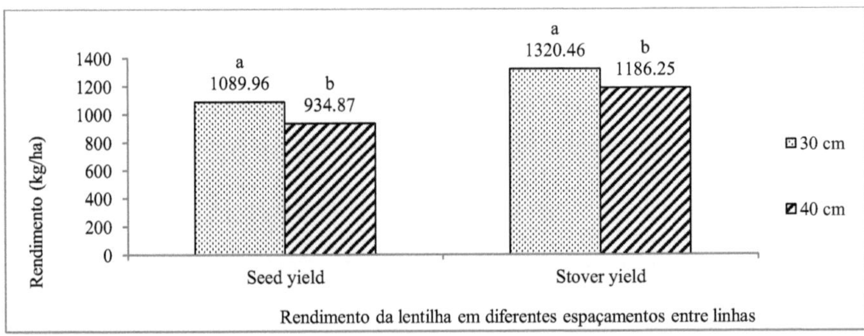

Figura 6. Efeito do espaçamento entre linhas no rendimento de sementes e no rendimento de palha de lentilhas com retenção de palha de arroz T. *Aman* sob sistema de lavoura em faixas em 2014-15 e 2015-16 a um nível de significância de 0,1%

A produção de sementes foi influenciada significativamente pelo efeito da interação ano ×
espaçamento entre linhas (Quadro 25). O maior rendimento de sementes (1132,0 kg/ha em
2015-16) foi encontrado no espaçamento de 30 cm entre linhas, que é semelhante ao ano de
semeadura de 2014-15 e o menor rendimento de sementes (896,2 kg/ha em 2015-16) do
espaçamento de 40 cm entre linhas.

Quadro 25. Efeito da interação ano × espaçamento no rendimento de sementes, rendimento
de palha e índice de colheita da lentilha
com retenção de palha de arroz T. *Aman* sob sistema de lavoura em faixas em 2014-15 1 e
2015-16

Ano × espaçamento	Rendimento das sementes (kg/ha)	Rendimento do caule (kg/ha)	Índice de colheita (%)
(2014-15) × 30 cm	1117.0 a	1342.0 a	45.11 a
(2014-15) × 40 cm	919.0 b	1182.0 b	43.44 c
(2015-16) × 30 cm	1132.0 a	1363.7 a	45.10 a
(2015-16) × 40 cm	896.2 b	1133.7 c	43.93 b
LSD	26.43	38.82	0.32
CV (%)	6.87	8.36	4.55
LS (%)	5	5	5

A altura do restolho teve uma influência significativa no rendimento de sementes, onde o
maior rendimento de sementes (1226,6 kg/ha) foi encontrado na altura de restolho de 30 cm e
o menor (763,8 kg/ha) foi na condição sem resíduos (Tabela 26). O efeito da interação entre o
ano e a altura da palha foi significativo no rendimento das sementes (Quadro 27), em que a
interação entre o ano (2014-15) e a altura do restolho de 30 cm apresentou um melhor
rendimento das sementes (1230,3 kg/ha).

Tabela 26. Efeito da altura do restolho no rendimento de sementes, rendimento de palha e
índice de colheita da lentilha em diferentes espaçamentos entre linhas sob sistema de lavoura
em faixas em 2014-15 e 2015-15

Altura do pelo	Rendimento das sementes (kg/ha)	Rendimento do caule (kg/ha)	Índice de colheita (%)
Sem resíduos	763.8 c	1040.7 c	42.30 c
Altura da palha 15 cm.	1057.8 b	1291.0 b	44.92 b
Altura da palha 30 cm.	1226.6 a	1438.1 a	45.97 a
LSD	21.84	28.50	0.17
CV (%)	8.48	9.62	2.64
LS (%)	0.1	0.1	0.1

A interação entre o espaçamento e a altura da palha foi significativa para a produção de sementes de lentilhas (quadro 28). A maior produção de sementes (1358,8 kg/ha) foi observada no espaçamento de 30 cm entre linhas e 30 cm de altura da palha, enquanto a menor (714,2 kg/ha) foi observada no espaçamento de 40 cm entre linhas sem resíduos.

Tabela 27. Efeito da interação ano × altura do restolho no rendimento das sementes, no rendimento do restolho e no índice de colheita da lentilha em diferentes espaçamentos entre linhas no sistema de lavoura em faixas em 2014-15 e 2015-16

Ano × altura do restolho	Rendimento das sementes (kg/ha)	Rendimento do caule (kg/ha)	Índice de colheita (%)
(2014-15) × N° de resíduos	765.8 c	1039.8 d	42.41 d
(2014-15) × altura do restolho 15 cm	1057.8 b	1321.0 b	44.27 c
(2014-15) × altura do restolho 30 cm	1230.3 a	1432.7 a	46.16 a
(2015-16) × N° de resíduos	761.8c	1041.5 d	42.19 d
(2015-16) × altura do restolho 15 cm	1057.7 b	1261.0 c	45.58 b
(2015-16) × altura do restolho 30 cm	1222.8 a	1443.5 a	45.77 b
LSD	35.53	40.31	0.24
CV (%)	8.48	9.62	2.64
LS (%)	5	5	0.1

Tabela 28. Efeito da interação entre o espaçamento e a altura do restolho no rendimento das sementes, no rendimento do restolho e no índice de colheita da lentilha no sistema de lavoura em faixas em 2014-15 e 2015-16

Espaçamento × altura do restolho	Rendimento das sementes (kg/ha)	Rendimento do caule (kg/ha)	Índice de colheita (%)
30 cm × Sem resíduos	813.5 e	1088.3 e	42.77 e
30 cm × altura do restolho 15 cm	1201.2 b	1412.8 b	45.95 b
30 cm × altura do restolho 30 cm	1358.8 a	1557.3 a	46.59 a
40 cm × Sem resíduos	714.2 f	993.0 f	41.82 f
40 cm × altura do restolho 15 cm	914.3 d	1169.2 d	43.89 d
40 cm × altura do restolho 30 cm	1094.3 c	1318.8 c	45.34 c
LSD	30.89	40.31	0.24
CV (%)	8.48	9.62	2.64
LS (%)	0.1	0.1	0.1

O efeito da interação ano × espaçamento × altura da palha na produção de sementes de lentilhas foi significativo, tendo a maior produção de sementes (1380,0 kg/ha) ocorrido em 2015-16 × 30 cm de espaçamento × 30 cm de altura da palha, enquanto a menor (685,0 kg/ha) ocorreu em 2015-16 × 40 cm de espaçamento × sem resíduos (quadro 29).

Tabela 29. Efeito da interação ano × espaçamento × altura do restolho no rendimento das sementes, no rendimento do restolho e no índice de colheita da lentilha em sistema de mobilização em faixas em 2014-15 e 2015-16

Ano × espaçamento × altura do restolho		Rendimento das sementes (kg/ha)	Rendimento do caule (kg/ha)	Índice de colheita (%)
2014-15	30 cm × Sem resíduos	788.3 i	1056.7	42.73 d
	30 cm × altura do restolho	1225.0 b	1441.0	45.95 b
	30 cm × Altura do restolho	1337.7 a	1528.3	46.67 a
	40 cm × Sem resíduos	743.3 j	1023.0	42.08 e
	40 cm × altura do restolho	890.7 g	1201.0	42.58 d
	40 cm × altura do restolho	1123.0 d	1337.0	45.65 b
2015-16	30 cm × Sem resíduos	838.7 h	1120.0	42.81 d
	30 cm × altura do restolho	1177.3 c	1384.7	45.95 b
	30 cm × altura do restolho	1380.0 a	1586.3	46.52 a
	40 cm × Sem resíduos	685.0 k	963.0	41.56 f
	40 cm × altura do restolho	938.0 f	1137.3	45.20 c
	40 cm × altura do restolho	1065.7 e	1300.7	45.03 c
LSD		43.68	53.66	0.35
CV (%)		8.48	9.62	2.64
LS (%)		0.1	NS	0.1

3.11 Rendimento do caule

O rendimento do caule foi observado durante 2014-2015 e 2015-2016 e não encontrou variação significativa entre o ano em que o rendimento do caule variou de 1248,7 a 1264,5 kg/ha (Figura 5).

O espaçamento entre linhas influenciou significativamente o rendimento do caule, onde o maior rendimento do caule (1352,8 kg/ha) foi obtido no espaçamento de 30 cm entre linhas e o menor (1160,3 kg/ha) foi obtido no espaçamento de 40 cm entre linhas (Figura 6).

O rendimento de palha foi significativamente influenciado pelo efeito de interação entre o ano e o espaçamento entre linhas, onde o maior rendimento de palha (1363,7 kg/ha) foi obtido no espaçamento entre linhas de 30 cm durante 2015-16, estatisticamente idêntico ao espaçamento entre linhas de 30 cm durante 2014-15 e o menor (1133,7 kg/ha) no espaçamento entre linhas de 40 cm durante 2015-16 (Quadro 25). O efeito da altura do restolho no rendimento do caule foi significativo, com o maior rendimento do caule (1438,1 kg/ha) a 30 cm de altura do restolho e o menor (1040,7 kg/ha) sem resíduos (Quadro 26).

O efeito de interação entre o ano e a altura da palha no rendimento de palha da lentilha foi significativo, sendo que o rendimento de palha mais elevado (1443,5 kg/ha) foi encontrado na altura da palha de 30 cm em 2015-16 e o mais baixo (1039,8 kg/ha) foi obtido na condição sem resíduos em 2014-15 (Quadro 27).

O efeito da interação entre o espaçamento e a altura da palha no rendimento do caule também foi significativo, sendo que o rendimento mais elevado do caule (1557,3 kg/ha) foi obtido no espaçamento de 30 cm entre linhas e 30 cm de altura da palha e o mais baixo (993,0 kg/ha) no espaçamento de 40 cm entre linhas sem resíduos (Quadro 28).

O rendimento do caule na interação ano × espaçamento × altura da palha diferiu significativamente (quadro 29). O maior rendimento de palha (1586,3 kg/ha) foi obtido no espaçamento de 30 cm entre linhas × 30 cm de altura da palha × 2015-16, enquanto o menor (963,0 kg/ha) foi obtido no espaçamento de 40 cm entre linhas × condição sem resíduos × 2015-16.

3.12 Índice de colheita

O índice de colheita foi observado durante 2014-2015 e 2015-2016 (Figura 7). O resultado da análise combinada mostrou que não houve variação significativa entre os anos de semeadura. O índice de colheita variou de 44,27% a 44,51%.

O índice de colheita foi significativamente diferente com o ano × espaçamento entre linhas (Tabela 25), onde os maiores índices de colheita (45,11% e 45,10%) foram no espaçamento de 30 cm entre linhas em 2014-15 e 2015-16 e os menores foram no espaçamento de 40 cm entre linhas em 2014-15 (43,44%).

A altura do restolho influenciou significativamente o índice de colheita, onde o índice de colheita mais elevado (45,97%) foi registado na altura do restolho de 30 cm e o mais baixo (42,30%) foi registado na condição sem resíduos (Quadro 26).

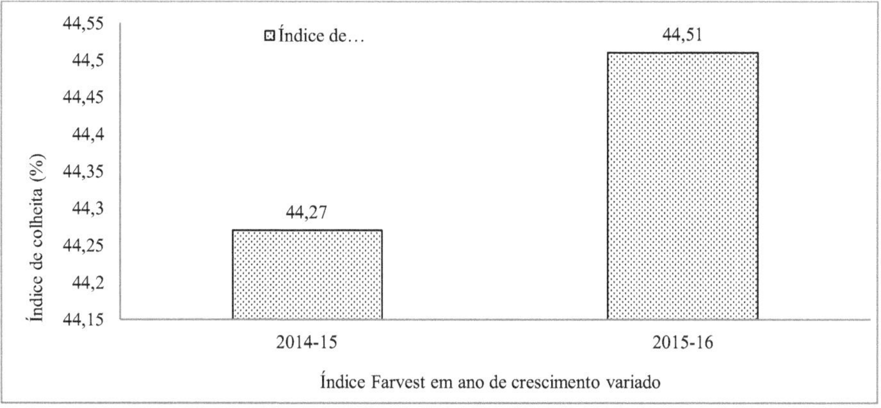

Figura 7. Efeito do ano de sementeira no índice de colheita da lentilha com retenção de palha de arroz T. *Aman* sob sistema de lavoura em faixas (NS) em 2014-15 e 2015-16

A interação ano × altura da palha no índice de colheita foi altamente significativa, onde o maior índice de colheita (46,16%) foi obtido na altura da palha de 30 cm em 2014-15 e o menor (42,19%) na condição sem resíduo em 2015-16 (Tabela 27).

O efeito da interação entre o espaçamento e a altura da palha no índice de colheita foi significativo (Quadro 28). O maior índice de colheita (46,59%) foi observado no espaçamento de 30 cm entre linhas × 30 cm de altura de palha, enquanto o menor (41,82%) foi observado no espaçamento de 40 cm entre linhas × condição sem resíduo.

A combinação ano × espaçamento × altura da palha no índice de colheita da lentilha foi altamente significativa (Quadro 29). O índice de colheita mais elevado (46,67%) registou-se no ano 2014-15 × 30 cm de espaçamento entre linhas × 30 cm de altura da palha, enquanto o mais baixo (41,56%) se registou no ano 2015-16 × 40 cm de espaçamento entre linhas × sem resíduos.

3.13 Incidência de podridão do pé (%)

A incidência de podridão do pé foi observada durante 2014-2015 e 2015-2016 e não encontrou variação significativa entre os anos de semeadura. A incidência de podridão do pé variou de 5,59 a 6,83% (Figura 8).

O espaçamento entre linhas teve um efeito significativo na incidência de podridão peduncular na lentilha, tendo a incidência máxima de podridão peduncular (7,96%) ocorrido no espaçamento entre linhas de 40 cm e a mínima (4,47%) no espaçamento entre linhas de 30 cm (quadro 30). Por outro lado, o efeito da interação ano × espaçamento entre linhas na incidência do mal do pé foi insignificante (quadro 31).

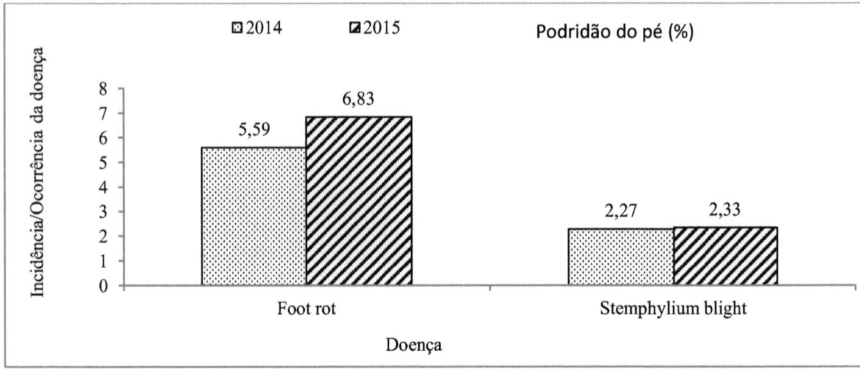

Figura 8. Efeito do ano de sementeira na incidência da podridão do pé e do míldio da lentilha no sistema de lavoura em faixas em 2014-15 e 2015-16 (NS)

Tabela 30. Efeito do espaçamento entre linhas na incidência da podridão do pé e do míldio da lentilha com retenção de palha de arroz T. Aman em sistema de mobilização em faixas em 2014-15 e 2015-16

Espaçamento	Incidência de podridão do pé (%)	Incidência do míldio do estrófilo (escala de 0-5)
30 cm	4.47 b	1.94
40 cm	7.96 a	2.67
LSD	1.53	NS
CV (%)	26.72	50.60
LS (%)	1	NS

Quadro 31. Efeito da interação ano × espaçamento na incidência de foot rot e stemphylium blight de
lentilha com retenção de palha de arroz T. Aman em sistema de mobilização em faixas

Ano × espaçamento	Incidência de podridão do pé (%)	Incidência da praga do estrófilo (escala de 0-5)
(2014-15) × 30 cm	4.08	1.88
(2014-15) × 40 cm	7.10	2.66
(2015-16) × 30 cm	4.86	2.00
(2015-16) × 40 cm	8.81	2.66
LSD	NS	NS
CV (%)	26.72	50.60

A altura do restolho teve um efeito significativo na incidência da podridão do pé. A incidência máxima de podridão do pé (11,03%) foi encontrada na condição sem retenção de palha, enquanto 4,91% foi na altura da palha de 15 cm e 2,70% no espaçamento entre linhas de 30 cm (Tabela 32).

Quadro 32. Efeito da altura do restolho na incidência de podridão do pé e de míldio da lentilha com
retenção de arroz T. *Aman* em diferentes espaçamentos entre linhas sob sistema de lavoura em faixas em 2014-15 e 2015-16

Altura do pelo	Incidência de podridão do pé (%)	Ferrugem do Stemphylium (escala 0-5)
Sem resíduos	11.03 a	3.58 a
Altura da palha 15 cm.	4.91 b	2.00 b
Altura da palha 30 cm.	2.70 c	1.33 c
LSD (LS 0,01)	1.17	0.65
CV (%)	21.75	32.71

Não houve efeito de interação entre o ano e a altura do restolho na incidência de podridão do pé da lentilha (quadro 33). Verificou-se um efeito significativo da interação entre o espaçamento e a altura da palha na incidência de podridão peduncular da lentilha (quadro 34), em que a incidência mais elevada (12,33%) ocorreu na combinação espaçamento de 40 cm × ausência de resíduos e a incidência mais baixa (1,26%) na combinação espaçamento de 30 cm × altura da palha de 30 cm.

A interação ano × espaçamento × altura da palha não teve efeito significativo na incidência da doença do míldio e a incidência do míldio variou de 1,19 a 13,60% (quadro 35).

Quadro 33. Efeito da interação ano × altura do restolho na incidência de podridão do pé e de míldio da lentilha com retenção de palha de arroz T. *Aman* em diferentes espaçamentos entre linhas no sistema de mobilização em faixas

Ano × altura do restolho	Incidência de podridão do pé (%)	Incidência da praga do estrófilo (escala de 0-5)
(2014-15) × Nº de resíduos	10.08	3.83
(2014-15) × Altura da palha 15 cm	4.26	2.00
(2014-15) × Palha altura 30 cm	2.43	1.00
(2015-16) × Nº de resíduos	11.91	3.33
(2015-16) × Palha altura 15 cm	5.56	2.00
(2015-16) × Palha altura 30 cm	2.95	1.66
LSD	NS	NS
CV (%)	21.75	32.71

Tabela 34. Efeito de interação entre o espaçamento e a altura do restolho na incidência de podridão do pé e de míldio da lentilha em sistema de mobilização em faixas em 2014-15 e 2015-16

Espaçamento × altura do restolho	Incidência de podridão do pé (%)	Incidência da praga do estrófilo (escala de 0-5)
30 cm× Sem resíduos	9.74 b	3.16
30 cm× Altura da palha 15 cm	2.41 e	1.66
30 cm× Altura da palha 30 cm	1.26 e	1.00
40 cm× Sem resíduos	12.33 a	4.00
40 cm× Altura da palha 15 cm	7.42 c	2.33
40 cm× Altura da palha 30 cm	4.13 d	1.66
LSD	(LS 1%)	NS
CV (%)	20.63	32.71

Quadro 35. Efeito da interação ano × espaçamento × altura do restolho na incidência de podridão peduncular e
ferrugem do stemphylium da lentilha sob sistema de lavoura em faixas em 2014-15 e 2015-16

Ano × espaçamento × altura do restolho		Incidência de podridão do pé (%)	Ocorrência do míldio do estrófilo (escala de 0-5)
2014-15	30 cm × Sem resíduos	9.11	3.33
	30 cm × Altura da palha 15 cm.	1.95	1.66
	30 cm × Altura da palha 30 cm.	1.19	0.66
	40 cm × Sem resíduos	11.06	4.33
	40 cm × Altura da palha 15 cm.	6.58	2.33
	40 cm × Altura da palha 30 cm.	3.68	1.33
2015-16	30 cm × Sem resíduos	10.38	3.00
	30 cm × Altura da palha 15 cm.	2.87	1.66
	30 cm × Altura da palha 30 cm.	1.33	1.33
	40 cm × Sem resíduos	13.60	3.66
	40 cm × Altura da palha 15 cm.	8.26	2.33
	40 cm × Altura da palha 30 cm.	4.58	2.00
LSD		NS	NS
CV (%)		21.75	32.71

3.14 Incidência da praga do estrófilo

A ocorrência de stemphylium blight foi observada durante 2014-2015 e 2015-2016 e não encontrou diferença significativa de incidência entre o ano (2,27 e 2,33%, respetivamente) (Figura 8).

O espaçamento entre linhas não teve efeito significativo na ocorrência do míldio da lentilha e a incidência observada foi de 1,94 a 2,67% (Quadro 30).

O efeito da interação ano × espaçamento entre linhas no míldio do estramónio também não foi significativo (quadro 31). O resultado do efeito da interação no míldio do estramónio variou de 2,08 a 2,66%.

A altura do restolho não teve efeito significativo sobre a ocorrência de stemphylium blight e a ocorrência máxima (3,58%) foi na condição sem resíduo, e a incidência mínima (1,33%) foi na condição de 30 cm de altura de palha (Tabela 32).

O efeito da interação ano × altura da palha na ocorrência do míldio da lentilha não foi significativo. Os dados de incidência variaram de 1,00 a 3,83% (quadro 33).

O efeito da interação entre o espaçamento e a altura da palha no míldio do estame foi insignificante e os dados de incidência variaram entre 1,00 e 4,00 (quadro 34).

O efeito da interação ano × espaçamento × altura da palha na ocorrência do míldio não foi significativo. A ocorrência do míldio variou de 0,66 a 4,33% (quadro 35).

3.15 Análise económica:

Relativamente à análise do custo e do rendimento, o rendimento bruto máximo de 83 087 BDT/ha foi estimado a partir da combinação de tratamentos de 30 cm de espaçamento entre linhas e 30 cm de altura da palha. O rendimento bruto mínimo de 43 842,60 BDT/ha foi calculado a partir do tratamento com espaçamento entre linhas de 40 cm e sem resíduos.

O rendimento líquido mais elevado (BDT 54 617/ha) e o rácio custo-benefício de 2,92 foram obtidos com a combinação de tratamentos de 30 cm de espaçamento entre linhas e 30 cm de altura da palha. O retorno líquido mais baixo (BDT 15372,60/ha) e o rácio custo-benefício (1,54) foram obtidos com o espaçamento de 40 cm entre linhas sem campo de resíduos.

CAPÍTULO 4: DEBATE

A investigação foi efectuada em duas estações *Rabi* consecutivas de 2014-15 e 2015-16 para identificar o espaçamento adequado entre linhas e a retenção da altura da palha para o crescimento e rendimento da lentilha sob sistema de lavoura em faixas na Universidade de Ciência e Tecnologia de Patuakhal, Patuakhal, região de Barishal, Bangladesh.

Observou-se uma variação na altura das plantas em diferentes espaçamentos e retenção de palha do arroz T. Aman. O espaçamento de 30 cm entre linhas com retenção de 30 cm de altura de palha produziu a planta mais alta, enquanto as plantas mais baixas foram obtidas no espaçamento mais largo (40 cm). Isto pode dever-se ao facto de o espaçamento ser fechado e a altura da palha ser significativa. Isto segue as conclusões de Willey e Hearth (1979), que referem que a penetração da luz diminui com uma densidade populacional mais elevada, o que pode ter levado a um aumento da formação de auxinas endógenas, o que aumenta o crescimento do gomo dormente. Saharia e Thakuria (1988) também encontraram este cenário quando trabalharam na resposta de variedades de ervilha anã em diferentes datas de sementeira e espaçamento entre linhas. Além disso, a retenção de palha de arroz T. Aman a um nível significativo pode permitir a utilização adequada da humidade residual do solo na fase inicial da lentilha. Por outro lado, um espaçamento mais largo sem retenção de resíduos demonstrou as plantas mais curtas devido à rápida diminuição da humidade na fase inicial.

Verifica-se que o espaçamento entre plantas não teve efeito significativo sobre os ramos primários/planta, enquanto a interação de 30 cm de altura de restolho e 30 cm de espaçamento entre linhas produziu os ramos primários/planta mais prolíficos na lavoura em faixas do que no sistema de lavoura convencional sem retenção de resíduos. Overstreet *et al.* (2007) encontraram resultados semelhantes na lavoura em faixas na cultura da beterraba sacarina.

Vários relatórios afirmam que um espaçamento mais próximo permite que as plantas se estabeleçam rapidamente em condições de humidade residual do solo, provocando um período vegetativo mais longo que pode atrasar a floração e a maturidade. Além disso, o estádio vegetativo ótimo pode prevalecer a 30 cm de altura da palha. Neste estudo, verificou-se que a combinação de 30 cm de espaçamento com 30 cm de altura de retenção do restolho apresentou um ciclo de vida mais longo (o máximo de dias até à primeira floração e 50% e o máximo de dias até à maturidade) do que as outras combinações de tratamento. No entanto,

Singh e Varma (1999) não encontraram diferenças significativas nos dias até à floração devido ao espaçamento entre linhas na lentilha *(Lens culinaris)*.

Os parâmetros de desenvolvimento de assimilados da lentilha, nomeadamente o peso fresco e seco da folha e da raiz, apresentaram o melhor desempenho com um espaçamento de 30 cm entre linhas e 30 cm de altura de retenção de palha de arroz T. Aman. Os relatórios recentes afirmam que um espaçamento mais próximo e uma altura significativa de retenção de resíduos podem assegurar um balanço de humidade conveniente, uma eficiência de utilização da radiação e um balanço de nutrientes que provocam uma maior fotossíntese dos alimentos armazenados. Ibrahim (2006) estudou o efeito da densidade de plantas através da manipulação do espaçamento entre linhas e observou que o índice de área foliar (LAI), o peso das folhas e das raízes aumentava com o aumento da densidade de plantas na soja. Um resultado semelhante foi também registado por Hossain e Bari (1998) na soja.

Os caracteres que contribuem para a produção, nomeadamente o número de vagens/planta, o número de sementes/vagem e o peso de 1000 sementes, tiveram um desempenho estatisticamente melhor no espaçamento de 30 cm entre linhas e no campo de retenção de resíduos de 30 cm nas presentes experiências. Presume-se que o crescimento vegetativo ótimo da planta pode ser assegurado com um espaçamento mais próximo e 30 cm de retenção de resíduos, e a produção de mais alimentos ajuda as plantas a produzir um maior número de vagens/planta, sementes/vagem e peso de 1000 sementes. Graterol e Montilla (2003) também observaram uma variação no número de vagens em diferentes espaçamentos entre linhas na soja, o que também corrobora o presente resultado experimental. Singh e Varma (1999) relataram que o espaçamento entre fileiras de 30 cm resultou em um número significativamente maior de vagens e rendimento de sementes em comparação com os espaçamentos entre fileiras de 20 e 40 cm. Verificou-se uma tendência crescente no número de sementes/vagem com o aumento do espaçamento. Resultados semelhantes foram também registados por Silim *et al.* (1990) na ervilha forrageira. Mas, no caso da lentilha, verificou-se que o espaçamento entre linhas de 30 cm proporcionou o número máximo de sementes/espiga.

A prevalência da podridão peduncular foi influenciada pelo espaçamento entre linhas e pela retenção dos restolhos do arroz T. Aman. Em condições de ausência de resíduos, não houve cobertura foliar para travar os inóculos e, por conseguinte, criou-se uma maior possibilidade de propagação da doença. Mas, no espaçamento de 30 cm e na retenção residual de 30 cm, a incidência de podridão do pé diminuiu. Talvez isso se deva a um menor contacto com o ambiente. Os resultados do presente estudo em termos de espaçamento entre plantas estavam de acordo com os de Zaric *et al.* (2004).

Nenadic e Slovic (2004) observaram que o rendimento de sementes foi o mais alto no espaçamento mais próximo da linha e na densidade mais baixa de plantas. No presente experimento, o maior rendimento de sementes, rendimento de palha e índice de colheita foram encontrados em espaçamento de cerca de 30 cm (espaçamento de fechamento) e retenção de 30 cm de altura de restolho em condições de lavoura em faixas. E, obviamente, teve vantagens sobre as práticas de lavoura convencional não residual. O rendimento mais baixo na lavoura convencional deveu-se provavelmente à má germinação das sementes, uma vez que a lavoura convencional aumentou a perda de humidade do solo durante a lavoura. As parcelas de lavoura convencional mostraram uma maior capacidade de retenção de água nos horizontes mais profundos do que as parcelas de lavoura mínima (Bonari *etal.*,1995). Lascano *et al.* (1994) mostraram que a lavoura em faixas reduziu a evaporação do solo, aumentou a transpiração da cultura e, assim, aumentou a produção de algodão em 35% em comparação com a lavoura convencional no ambiente semi-árido.

Gangwar *et al.* (2005) referiram que o rendimento do feijão-mungo era 9% mais elevado na parcela de retenção de resíduos do que no tratamento de remoção. Singh e Varma (1999) referiram que o aumento da produção de sementes de lentilhas no caso de um espaçamento de 30 cm entre linhas foi de 3,6% em relação a outros espaçamentos entre linhas (1%). Acrescentaram ainda que o rendimento das lentilhas em estolhos também seguiu o mesmo padrão de rendimento que o rendimento em sementes.

De acordo com Hobbs *et al.* (2008) a prática de lavoura em faixas pode retardar a decomposição de resíduos de plantas e reduzir a liberação de formas inorgânicas mineralizadas de nutrientes de plantas no solo. Por isso, a maior produção de palha foi sempre registada na lavoura em faixas e depois na lavoura convencional. O índice de colheita está correlacionado positivamente com o rendimento de sementes. Por isso, o índice de colheita mais alto não é surpreendente quando o espaçamento entre plantas é de 30 cm e a retenção de resíduos é de 30 cm.

O rendimento bruto máximo (BDT 83.087/ha), o rendimento líquido (BDT 54.617/ha) e o rácio custo-benefício (2,92) foram obtidos com a combinação de tratamentos de 30 cm de espaçamento entre linhas e 30 cm de altura da palha, enquanto o rendimento bruto mínimo

(BDT 43.842,60/ha), o rendimento líquido (BDT 15372,60/ha) e o rácio custo-benefício (1,54) foram obtidos com 40 cm de espaçamento entre linhas sem campo de resíduos. Talvez isso se deva ao espaçamento ótimo entre linhas e à altura adequada da palha, que aumentaram o rendimento máximo.

CAPÍTULO 5: RESUMO E CONCLUSÃO

5.1 Principais resultados do estudo:

O crescimento e o rendimento da lentilha (*var.* BARI Masur-7) foram avaliados em dois tipos de espaçamento entre linhas, 30 cm e 40 cm, e três tipos de altura de restolho de arroz Transplant Aman (T. Aman), sem resíduos de palha, com 15 cm de altura e 30 cm de altura de resíduos de palha, num sistema de lavoura em faixas em Barishal, no Bangladesh.

Os principais resultados do estudo são os seguintes:

1. O espaçamento de 30 cm entre linhas com retenção de 30 cm de altura de palha produziu a planta mais alta, enquanto as plantas mais curtas foram obtidas no espaçamento de 40 cm.

2. A interação de 30 cm de altura do restolho e 30 cm de espaçamento entre linhas produziu os ramos primários/planta mais prolíficos na lavoura em faixas do que no sistema de lavoura convencional sem retenção de resíduos.

3. O estádio vegetativo ótimo pode ser atingido a 30 cm de altura da palha.

4. Os parâmetros de desenvolvimento de assimilados da lentilha, nomeadamente o peso fresco e seco da folha e da raiz, apresentaram os melhores resultados no espaçamento de 30 cm entre linhas e na retenção da altura da palha de 30 cm do arroz T. Aman.

5. Os caracteres que contribuem para a produção, como o número de vagens/planta, o número de sementes/vagem e o peso de 1000 sementes, tiveram um desempenho estatisticamente melhor no espaçamento entre linhas de 30 cm e no campo de retenção de resíduos de 30 cm.

6. O maior rendimento de sementes, rendimento de palha e índice de colheita foram encontrados no espaçamento de cerca de 30 cm e retenção de 30 cm de altura de palha em condições de lavoura em faixas.

7. A menor incidência das doenças podridão do pé e míldio do estame foi observada no espaçamento de 30 cm e na retenção residual de 30 cm do arroz T. Aman.

8. O rácio benefício-custo mais elevado (2,92) foi obtido com a combinação de tratamentos de 30 cm de espaçamento entre linhas e 30 cm de altura da palha.

5.2 Implicações do estudo:

1. Um espaçamento de 30 cm entre linhas e uma retenção de palha de 30 cm apresentaram o melhor desempenho na quinta de investigação da Universidade de Ciência e Tecnologia de Patuakhali, Patuakhali. Pode ser praticado na região de Barishal/parte sul do Bangladesh.

2. A retenção da palha de arroz T. Aman a um nível significativo pode permitir a utilização adequada da humidade residual do solo na fase inicial da lentilha sob lavoura conservadora, enquanto a lavoura convencional aumentou a perda de humidade do solo durante a lavoura. Esta informação seria útil para os agricultores na gestão da salinidade através da gestão da palha de arroz.

3. Neste estudo, verificou-se que a combinação de 30 cm de espaçamento e 30 cm de retenção da altura do restolho apresentou dias mais longos para a primeira floração, 50% de floração e maturidade. Esta informação pode ajudar os agricultores a cultivar a lentilha.

4. O crescimento vegetativo ótimo da lentilha foi alcançado com um espaçamento de 30 cm e uma retenção de resíduos de 30 cm, o que ajudou as plantas a produzir um maior número de vagens/planta, sementes/vagem e peso de 1000 sementes. Esta informação pode ajudar os agricultores nas operações culturais.

5. A incidência mais baixa das doenças podridão do pé e ferrugem do stemphylium foi observada no espaçamento de 30 cm e na retenção residual de 30 cm do arroz T. Aman (lavoura conservadora), enquanto que na condição sem resíduo (lavoura convencional), não houve cobertura foliar para parar os inóculos e, portanto, mais chances seriam criadas para espalhar a doença. Esta informação pode ajudar o agricultor a controlar as doenças na cultura da lentilha.

6. O rácio benefício-custo mais elevado foi obtido com a combinação de tratamentos de 30 cm de espaçamento entre linhas e 30 cm de altura da palha. Esta informação pode ajudar o agricultor a tomar a decisão adequada sobre o método de cultivo da lentilha.

Do estudo pode concluir-se que o espaçamento entre linhas de 30 cm e a altura do restolho de 30 cm superaram os outros tratamentos no desempenho do rendimento e na relação custo-benefício da lentilha no sistema de lavoura em faixas. Uma vez que a maior parte das terras da região de Barishal parece ter uma humidade do solo mais elevada no momento da colheita de T. Aman, recomenda-se que a lavoura em faixas seja dada de preferência no espaçamento de cultura de 30 cm e 30 cm de retenção de palha de T. Aman para o cultivo de lentilhas com economia de tempo de retorno em vez de relé ou sistema de cultivo convencional.

REFERÊNCIAS

Aase JK, Siddoway FH 1990: Stubble height effects on seasonal microclimate, water balance, plant development of no-till winter wheat. *Agric. For. Meteorol.*, 21:1-20.

Afzal MA, Bakr MA, Rahman ML 1999: Lentil cultivation in Bangladesh, Lentil Blackgram Mungbean Development Pilot Project, Pulses Research Station, BARI, Gazipur-1701.

Albiero D, Maciel AJS, Tunussi RD 2011: Caraterísticas do solo afetadas pelo uso da nova ferramenta de lavoura conservacionista arado rotativo Para, Agrociencias, 45: 145-156.

Bakr MA, Ahmed F 1992: Desenvolvimento da praga de Stemphylium das lentilhas e seu controlo. Bangladesh *J.*
Fitopatologia, 8(12): 39-40.

Bell RC, Johansen 2009: Relatório Anual, Abordagem dos condicionalismos das leguminosas secas na base de cereais
sistemas de cultivo com especial referência à redução da pobreza no noroeste do Bangladesh,
ACIAR (LWR/2005/001).

BBS (Gabinete de Estatística do Bangladesh) 2017: Statistical Year Book of Bangladesh, Divisão de Estatística, Ministério do Planeamento, Governo do Bangladesh.

BBS (Gabinete de Estatística do Bangladesh) 2011: Statistical Year Book of Bangladesh, Divisão de Estatística, Ministério do Planeamento, Governo do Bangladesh.

Bell RC, Johansen 2009: Relatório Anual, Abordagem das restrições às leguminosas em culturas baseadas em cereais
com especial referência à redução da pobreza no noroeste do Bangladesh, ACIAR (LWR/2005/001).

Bhatty, RS 1988: Composição e qualidade da lentilha (*Lens culinaris* Medick), uma revisão da literatura canadiana
Instituto de Ciência e Tecnologia Alimentar, 21(2):144-160.

Biamah EK, Rockstrom J, Okwack G 2000: Lavoura de conservação para agricultura de sequeiro: Technological
experiências de opção na África Austral Oriental. Unidade de gestão regional, RELMA/Sida,
Casa do ICRAF, Gigiri, Nairobi, Quénia.

Bonari E, Mazzoncini M, Peruzzi A 1995: Efeito da lavoura convencional mínima na colza de inverno num subsolo, soil tillage Research. Lavoura em colza de inverno em um subsolo, solo lavoura Research.Vol-33.

FAO/PNUD (Organização das Nações Unidas para a Alimentação e a Agricultura/Programa das Nações Unidas para o Desenvolvimento) 1988: Land Resources Appraisal of Bangladesh for Agricultural Report No. 2, Agroecological Region of Bangladesh, Programa das Nações Unidas para o Desenvolvimento na Organização para a Alimentação e a Agricultura, p. 212-221.

FAO (Organização das Nações Unidas para a Alimentação e a Agricultura, 2014: Anuário Estatístico da FAO, 2014, Ásia e Pacífico
Alimentação e Agricultura, p. 195.

FRG (Guia de Recomendação de Fertilizantes), 2012: Conselho de Investigação Agrícola do Bangladesh,
Farmgate, Dhaka, Bangladesh.

Gangwar KS, Singh KK, Sharma SK, Tomar OK 2005: Gestão de resíduos de culturas de lavoura alternada
de trigo após arroz em solo argiloso das planícies indo-gangéticas, Soil tillage Research. Índia.

Graterol Y e e Montilla D 2003: Efeitos do espaçamento entre linhas e da população de plantas no desempenho de
duas cultivares intermédias de soja, Bioagro, 15(3):193-199.

Haque ME, Hossain MI, Rashid MH, Meisner CA, Samad MA, Sarker AZ 2004: Desenvolvimento
de uma semeadora de plantio direto baseada em motocultivador para o estabelecimento de culturas, Relatório Anual 2003-4,
Divisão de Engenharia Agrícola, Centro de Investigação do Trigo, BARI, Nashipur, Dinajpur.

Hobbs PR, Sayre K, Gupta R 2008: O papel da agricultura de conservação na agricultura sustentável.
Fil. Trans. R. Soc.Lond., B. Biol. Sci: 363: 543-555.

Hussain MS, Rahman MM, Rashid H, Farid ATM, Kaiyum A 2006: Krishi Projukti Hatboi (Hand book on Agro-technology), 4.ª edição, Instituto de Investigação Agrícola do Bangladesh, Gazipur 1701, Bangladesh.

Hossain MA, Bari AKMA 1998: Efeito da população de plantas no rendimento e nos componentes do rendimento da soja, Bangladesh J.Agric. Sci., 25 (2):285-290

Ibrahim ME 2006: Resposta de cultivares de soja determinadas e indeterminadas ao padrão e densidade de plantio. Ann. Agric. Sci., 44 (4): 1431-1456.

Ishaq M, Hasan A, Saeed M, Ibrahim M, Lai R 2001: Sub soil compaction effectsof
crops in Punjab, Pakistan. I. Propriedades físicas do solo rendimento da

colheita. Soil Tillage Research 59: 57-65.

Kumar K, Goh KM, Scott WR, Frampton CM 2001: Effects of 15N-labeled crop residues management
no rendimento subsequente do trigo de inverno e na recuperação dos benefícios do azoto em condições de campo,
J. Agric. Sci. 136, 35-53.

Lascano RJ, Baumhardt RL, Hicks SK 1994: Soil and plant water evaporation fromstrip-tilled cotton:
medição e simulação, Agron. J. 86: 990-994.

Nanadic N, Slovic S 2004: Rendimento e qualidade da soja influenciados pela densidade de plantas, tipo de sementeira e fertilização com azoto. Rev. Res. Fac. Agric. Belgrade Univ.49: 85-87.

Overstreet LF, Franzen D, Cattanach NR, Gegner S 2007: Strip-tillage em rotações de beterraba sacarina, In: Sugar beet Research Extension Reports, Vol. 38, Sugar beet Res. Ed. BD. de MN ND.

Sharma AR, Jat ML, Saharawat YS, Singh VP, Singh R 2012: Conservation agriculture for improving productivity resource use efficiency: prospects research needs in Indian context Indian Journal of Agronomy, 57, P. 131-140, IAC Special Issue.

Reicosky DC 1999: Efeitos da Lavoura de Conservação na Dinâmica do C Orgânico do Solo, Experiências de Campo
in the U.S. Corn Belt, 10th Intl. Soil Conservation Org. Meeting, 24-29 de maio, Purdue Univ.

Saharia P, Thakuria K 1988: Resposta de variedades de ervilha anã a diferentes datas de sementeira e linhas
espaçamento, Indian J. Agron, 34 (4): 405-408.

Salinas-Garcia JR, Hons FM, Matocha JE 1997: Efeitos a longo prazo da fertilização da lavoura no solo
dinâmica da matéria orgânica. *Soil. Sci. Soc. Am. J.* 61:152-159.

Silim SN, Saxena MC, Erskine W 1990: Densidade de sementeira e espaçamento entre linhas para lentilhas em condições de chuva
Ambientes mediterrânicos. Agron. J. 82:927-930.

Singh KM, Varma RS 1999: Efeito do espaçamento entre linhas e das datas de sementeira no crescimento e rendimento da lentilha
(Lens culinaris) na região nordeste de U.P., Indian J. Agron, 44:584-587.

Willy RB, Hearth SB 1979: As relações quantitativas entre a população de plantas e a cultura produzir. *Adv. Agron.* 21: 181-321.

Zaric D 2004: Influência da densidade da cultura e da largura da linha nas caraterísticas da soja e da sua semente
rendimento. Rev. Res., Fac. Agric. Univ. de Belgrado, 49:87-99.

APÊNDICES

Apêndice I: Média mensal da temperatura máxima e mínima do ar, da precipitação e da humidade relativa

da área experimental de Nov/14-março/2015 no RARS, Barishal, Bangladesh

Mês	Temperatura do ar (^{0} C)		Precipitação	Humidade relativa (%)
	Máximo	Mínimo	(mm)	
novembro/2014	26.40	21.20	0.60	73.68
dezembro/2014	21.25	17.50	Nulo	82.43
janeiro/2015	21.40	14.80	1.00	74.54
fevereiro/2015	24.00	18.50	Nulo	80.21
março/2015	28.75	24.00	Nulo	78.72

Fonte: Estação Regional de Investigação Agrícola, Instituto de Investigação Agrícola do Bangladesh (BARI), Rahmatpur, Barishal, Bangladesh

Apêndice II: Média mensal da temperatura máxima e mínima do ar, da pluviosidade e da humidade da

área experimental de novembro/15-março/2016 no RARS, Barishal, Bangladesh

Mês	Temperatura do ar (^{0} C)		Precipitação	Humidade relativa
	Máximo	Mínimo	(mm)	(%)
novembro/2015	28.53	19.07	2.40	75.20
dezembro/2015	25.09	15.64	0.30	79.21
janeiro/2016	24.34	12.39	0.22	75.48
fevereiro/2016	29.57	18.69	5.56	79.12
março/2016	32.95	21.92	Nulo	77.29

Fonte: Estação Regional de Investigação Agrícola, Instituto de Investigação Agrícola do Bangladesh (BARI), Rahmatpur, Barishal, Bangladesh

Apêndice III: Área, produção e rendimento de diferentes culturas de leguminosas em 2014-15 e 2015-16 no Bangladeche

Nome da cultura	2014-15			2015-16		
	Área (mil ha)	Produção (milhares de toneladas)	Rendimento (t/ha)	Área (mil ha)	Produção (milhares de toneladas)	Rendimento (t/ha)
1. Lentilhas (Masur)	145	17	1.15	16	16	1.02
2. Ervilha	112	12	1.07	11	12	1.08
3. Grama verde	39	33	0.84	41	37	0.90
4. Grama preta	39	33	0.86	40	35	0.89
5. Ervilha (Motor)	8	7	0.97	7	7	1.02

6. Grama	7	7	0.94	6	6	1.05
7. Ervilha-de-pombo	1	1	1.05	1	1	1.05
8. Outros impulsos	7	10	1.33	9	11	1.24
Total	3.58	3.79		3.73	3.77	

Fonte: BBS, 2017

Apêndice IV: Teor de nutrientes em leguminosas e outros alimentos comuns (/100g) (Podder *et al.*, 1999)

Alimentos	Energia (k. cal)	Proteína (g)	Gordura (g)	Hidratos de carbono (g)	Cálcio (mg)
Lentilha	343	25.1	0.7	59.0	69
Ervilha	345	28.2	0.6	56.6	90
Grão-de-bico	372	20.8	5.6	59.8	56
Grama preta	347	24.0	1.4	59.6	154
Feijão-mungo	348	25.5	1.2	59.9	75
Soja	432	43.2	19.5	20.9	240
Trigo	341	12.1	1.7	67.4	48
Arroz	356	6.4	0.4	79.0	9
Ovo	181	13.5	13.7	0.8	70
Leite de vaca	67	3.2	4.1	4.4	120

Apêndice V: Estado inicial dos nutrientes no solo da parcela experimental durante o *Rabi* 2014-15 e 2015-16 em

RARS, Rahmatpur, Barisal

Ano	P^H	Salinidade (dS/m)	OM (%)	Total N (%)	K Meq/100 ml	P	S (µg/ml)	Zn
2014-15	7.0	1.18	2.37	0.118	0.14	3.7	16.1	0.63
2015-16	7.2	0.85	1.66	0.083	0.22	2.3	13.3	0.48
Valores críticos					0.12	7.0	10	0.6

Apêndice VI: Percentagem de humidade do solo (em base seca) da parcela experimental durante o Rabi

Tratamento	Teor de humidade (% em base seca)						
	Antes de sementeira de sementes	15 DAS	30 DAS	45 DAS	60 DAS	75 DAS	90 DAS
Sem	27.22	23.08	18.96	14.04	19.74	13.75	11.67
Altura da palha	29.76	26.44	21.46	17.33	21.47	15.65	13.78
Altura da palha	31.32	27.67	24.14	19.78	24.54	16.72	14.61

2014-15 no RARS, Rahmatpur, Barishal

Apêndice VII: Percentagem de humidade do solo (em base seca) da parcela experimental durante o *Rabi*

2015-16 no RARS, Rahmatpur, Barishal

Tratamentos	Teor de humidade (% em base seca)						
	Antes da sementeira	15 DAS	30 DAS	45 DAS	60 DAS	75 DAS	90 DAS
Sem resíduos	28.57	24.22	21.12	16.96	14.73	17.95	14.65
Altura da palha 15	30.36	27.45	22.34	18.66	15.44	20.31	15.48
Altura da palha 30	31.34	28.47	24.68	21.22	16.67	22.86	18.54

Printed by Books on Demand GmbH, Norderstedt / Germany